essentials

Essentials liefern aktuelles Wissen in konzentrierter Form. Die Essenz dessen, worauf es als „State-of-the-Art" in der gegenwärtigen Fachdiskussion oder in der Praxis ankommt. Essentials informieren schnell, unkompliziert und verständlich.

- als Einführung in ein aktuelles Thema aus Ihrem Fachgebiet
- als Einstieg in ein für Sie noch unbekanntes Themenfeld
- als Einblick, um zum Thema mitreden zu können.

Die Bücher in elektronischer und gedruckter Form bringen das Expertenwissen von Springer-Fachautoren kompakt zur Darstellung. Sie sind besonders für die Nutzung als eBook auf Tablet-PCs, eBook-Readern und Smartphones geeignet.

Essentials: Wissensbausteine aus den Wirtschafts, Sozial- und Geisteswissenschaften, aus Technik und Naturwissenschaften sowie aus Medizin, Psychologie und Gesundheitsberufen. Von renommierten Autoren aller Springer-Verlagsmarken.

Hermann Sicius

Pnictogene: Elemente der fünften Hauptgruppe

Eine Reise durch das Periodensystem

Dr. Hermann Sicius
Dormagen
Deutschland

ISSN 2197-6708   ISSN 2197-6716 (electronic)
essentials
ISBN 978-3-658-10803-8   ISBN 978-3-658-10804-5 (eBook)
DOI 10.1007/978-3-658-10804-5

Die Deutsche Nationalbibliothek verzeichnet diese Publikation in der Deutschen Nationalbibliografie; detaillierte bibliografische Daten sind im Internet über http://dnb.d-nb.de abrufbar.

Springer Spektrum
© Springer Fachmedien Wiesbaden 2015

Gedruckt auf säurefreiem und chlorfrei gebleichtem Papier

Springer Fachmedien Wiesbaden ist Teil der Fachverlagsgruppe Springer Science+Business Media
(www.springer.com)

Susanne Petra Sicius-Hahn
Elisa Johanna Hahn
Fabian Philipp Hahn

Was Sie in diesem Essential finden können

- Eine umfassende Beschreibung von Herstellung, Eigenschaften und Verbindungen der Pnictogene
- Aktuelle und zukünftige Anwendungen der Pnictogene
- Ausführliche Charakterisierung der einzelnen Elemente

Inhaltsverzeichnis

Einleitung 1

Willkommen bei den Pnictogenen (Stickstoffgruppe), dieser sich so vielseitig gebenden Gruppe von Elementen! Im Periodensystem stehen die ihr zugehörigen Elemente in der fünften Hauptgruppe. Die Atome der Pnictogene nehmen entweder drei Elektronen auf (wie Stickstoff) oder geben bis zu fünf ab (wie Phosphor oder Arsen), um eine stabile Elektronenkonfiguration einnehmen zu können.

Antimon bzw. seine Verbindungen waren in Babylonien schon bekannt, von Arsen wissen wir seit seiner Entdeckung durch Albertus Magnus im Jahre 1250 auch schon sehr lange. Der Hamburger Alchimist Brand entdeckte Phosphor Mitte des 17. Jahrhunderts, von Stickstoff und Bismut haben wir seit Mitte des 18. Jahrhunderts Kenntnis, und sogar Ununpentium ist seit jetzt schon seit zehn Jahren zumindest in der Literatur beschrieben. Obwohl manche dieser Elemente schon so lange bekannt sind, überrascht diese Elementenfamilie immer wieder durch neue Entdeckungen. Stickstoff ist bei Raumtemperatur ein Gas, alle anderen Elemente sind unter diesen Bedingungen Feststoffe. Nur Stickstoff ist ein reines Nichtmetall, aber schon Phosphor existiert auch in einer halbmetallischen Modifikation. Arsen und Antimon sind typische Halbmetalle, und bei Bismut – und vermutlich auch Ununpentium – überwiegt der Metallcharakter eindeutig. Sie finden sie alle im untenstehenden Periodensystem in der Gruppe H 5.

Elemente werden eingeteilt in Metalle (z. B. Natrium, Calcium, Eisen, Zink), Halbmetalle wie Arsen, Selen, Tellur sowie Nichtmetalle wie beispielsweise Sauerstoff, Chlor, Jod oder Neon. Die meisten Elemente können sich untereinander verbinden und bilden chemische Verbindungen; so wird z. B. aus Natrium und Chlor die chemische Verbindung Natriumchlorid, also Kochsalz).

Einschließlich der natürlich vorkommenden sowie der bis in die jüngste Zeit hinein künstlich erzeugten Elemente nimmt das aktuelle Periodensystem der Elemente (Abb. 1.1) bis zu 118 Elemente auf, von denen zur Zeit noch vier Positionen unbenannt sind.

© Springer Fachmedien Wiesbaden 2015
H. Sicius, *Pnictogene: Elemente der fünften Hauptgruppe,* essentials,
DOI 10.1007/978-3-658-10804-5_1

H 1	H 2	N 3	N 4	N 5	N 6	N 7	N 8	N 9	N 10	N 1	N 2	H 3	H 4	H 5	H 6	H 7	H 8
1 H																	2 He
3 Li	4 Be											5 B	6 C	7 N	8 O	9 F	10 Ne
11 Na	12 Mg											13 Al	14 Si	15 P	16 S	17 Cl	18 Ar
19 K	20 Ca	21 Sc	22 Ti	23 V	24 Cr	25 Mn	26 Fe	27 Co	28 Ni	29 Cu	30 Zn	31 Ga	32 Ge	33 As	34 Se	35 Br	36 Kr
37 Rb	38 Sr	39 Y	40 Zr	41 Nb	42 Mo	43 Tc	44 Ru	45 Rh	46 Pd	47 Ag	48 Cd	49 In	50 Sn	51 Sb	52 Te	53 I	54 Xe
55 Cs	56 Ba	57 La	72 Hf	73 Ta	74 W	75 Re	76 Os	77 Ir	78 Pt	79 Au	80 Hg	81 Tl	82 Pb	83 Bi	84 Po	85 At	86 Rn
87 Fr	88 Ra	89 Ac	104 Rf	105 Db	106 Sg	107 Bh	108 Hs	109 Mt	110 Ds	111 Rg	112 Cn	113 Uut	114 Fl	115 Uup	116 Lv	117 Uus	118 Uuo

Ln >	58 Ce	59 Pr	60 Nd	61 Pm	62 Sm	63 Eu	64 Gd	65 Tb	66 Dy	67 Ho	68 Er	69 Tm	70 Yb	71 Lu
An >	90 Th	91 Pa	92 U	93 Np	94 Pu	95 Am	96 Cm	97 Bk	98 Cf	99 Es	100 Fm	101 Md	102 No	103 Lr

Radioaktive Elemente   *Halbmetalle*

H: Hauptgruppen   N: Nebengruppen

Abb. 1.1 Periodensystem der Elemente

Die Einzeldarstellungen der insgesamt sechs Vertreter der Gruppe der Pnictogene enthalten dabei alle wichtigen Informationen über das jeweilige Element, so dass ich hier nur eine kurze Einleitung vorangestellt habe.

Vorkommen 2

Stickstoff ist in der Luft zu etwa 80 % des Gesamtvolumens enthalten. Phosphor, Arsen, Antimon und Bismut kommen in der Natur meist in Form von Erzen und Mineralien vor, wenngleich auch mit sehr unterschiedlicher Häufigkeit. Phosphate sowie sulfidische Erze des Arsens, Antimons und Bismuts findet man an vielen Orten auf der Erde. Arsen, Antimon und Bismut treten in der Natur auch elementar auf.

© Springer Fachmedien Wiesbaden 2015
H. Sicius, *Pnictogene: Elemente der fünften Hauptgruppe*, essentials,
DOI 10.1007/978-3-658-10804-5_2

Gasförmiger Stickstoff wird durch fraktionierte Destillation flüssiger Luft gewonnen. Für die Herstellung des Phosphors sind die Phosphatlagerstätten die wichtigste Quelle. Arsen, Antimon und Bismut werden entweder durch Rösten ihrer sulfidischen Erze hergestellt, oder man isoliert – z. B. Antimon – als Nebenprodukt bei der Gewinnung von Kupfer.

© Springer Fachmedien Wiesbaden 2015

5

H. Sicius, *Pnictogene: Elemente der fünften Hauptgruppe,* essentials,
DOI 10.1007/978-3-658-10804-5_3

Eigenschaften 4

4.1 Physikalische Eigenschaften

Wie bereits erwähnt, ist Stickstoff ein reines Nichtmetall. Phosphor kommt in vielen verschiedenen Modifikationen vor, die vom Nichtmetall (weißer Phosphor) bis zum Halbmetall (schwarzer Phosphor) reichen. Arsen und Antimon liegen in ihrer jeweils stabilsten Modifikation als Halbmetalle vor, und Bismut sowie Ununpentium sind Metalle. Die physikalischen Eigenschaften sind nur teilweise nach steigender Atommasse abgestuft. So nimmt vom Stickstoff zum Bismut die Dichte zu, die Schmelz- und Siedepunkte sind aber sehr abhängig von der Modifikation. So zeigen Arsen bzw. Antimon einen Sublimationspunkt von 613 °C bzw. einen Schmelzpunkt von 630 °C, während das höhere Homologe Bismut einen wesentlich tiefer liegenden Schmelzpunkt aufweist.

Generell weicht bei den Pnictogenen, wie auch bei allen anderen Hauptgruppen, das Kopfelement (hier: Stickstoff) in seinen Eigenschaften drastisch von allen anderen ab. Phosphor als zweites Element dieser Gruppe, vor allem in seiner schwarzen Modifikation, steht den höheren Homologen, Arsen und Antimon, wesentlich näher als Stickstoff. Auch seine Verbindungen (z. B. Wasserstoffverbindungen, Oxosäuren) sind denen des Arsens und Antimons relativ ähnlich, dass man hier von einer homologen Reihe sprechen kann.

4.2 Chemische Eigenschaften

Pnictogene reagieren mit Metallen meist heftig zu Oxiden, Sulfiden usw., mit Wasserstoff zu Pnictogenwasserstoffen (H_3X: Ammoniak, Phosphorwasserstoff, Arsenwasserstoff usw.). Sie bilden selten untereinander Verbindungen wie beispielsweise Phosphornitride. Pnictogenoxide bilden, zusammengebracht mit Wasser,

© Springer Fachmedien Wiesbaden 2015
H. Sicius, *Pnictogene: Elemente der fünften Hauptgruppe,* essentials,
DOI 10.1007/978-3-658-10804-5_4

Säuren: z. B. Salpetersäure (HNO_3), Phosphorige und Arsenige Säure (Summenformel H_3XO_3) aus den Oxiden X_2O_3 und Phosphorsäure, Arsensäure usw. (Summenformel H_3XO_4) aus den Pentoxiden X_2O_5 (X steht für das jeweilige Pnictogen).

Einzeldarstellungen

Im folgenden Teil sind die Pnictogene jeweils einzeln mit ihren wichtigen Eigenschaften, Herstellungsverfahren und Anwendungen beschrieben.

5.1 Stickstoff

Symbol	N		
Ordnungszahl	7		
CAS-Nr.	7727-37-9		
Aussehen	Farbloses Gas	Flüssiger Sauerstoff (Hillier 2006)	Sauerstoff in Gasentladungs-röhre (pse-mendelejew 2006)
Entdecker, Jahr	Scheele (Schweden), 1771		
Wichtige Isotope [natürliches Vorkommen (%)]	Halbwertszeit (a)	Zerfallsart, -produkt	
$^{14}_{7}N$ (99,634)	Stabil	----	
$^{15}_{7}N$ (0,366)	Stabil	----	
Massenanteil in der Erdhülle (ppm)	300		
Atommasse (u)	14,0067		
Elektronegativität (Pauling ◆ Allred & Rochow ◆ Mulliken)	3,04 ◆ K. A. ◆ K. A.		
Atomradius (pm)	65		
Van der Waals-Radius (berechnet, pm)	155		

© Springer Fachmedien Wiesbaden 2015
H. Sicius, *Pnictogene: Elemente der fünften Hauptgruppe,* essentials,
DOI 10.1007/978-3-658-10804-5_5

Kovalenter Radius (pm)	71
Elektronenkonfiguration	[He] $2s^2\,2p^3$
Ionisierungsenergie (kJ/mol), erste ♦ zweite ♦ dritte	1402 ♦ 2856 ♦ 4578
Magnetische Volumensuszeptibilität	$-6,7*10^{-9}$
Magnetismus	Diamagnetisch
Kristallsystem	Hexagonal
Schallgeschwindigkeit (m/s, bei 300,15 K)	353
Dichte (kg/m³, bei 273,15 K)	1,250
Molares Volumen (m³/mol, im festen Zustand)	$13,54 \cdot 10^{-6}$
Wärmeleitfähigkeit ([W/(m*K)])	0,0258
Spezifische Wärme ([J/(mol*K)])	29,12
Schmelzpunkt (°C ♦ K)	$-210,1$ ♦ 63,05
Schmelzwärme (kJ/mol)	0,36
Siedepunkt (°C ♦ K)	$-196,0$ ♦ 77,15
Verdampfungswärme (kJ/mol)	5,58
Tripelpunkt (°C ■ kPa)	$-210,0$ ■ 12,52
Kritischer Punkt (°C ■ MPa)	$-146,96\,°C$ ■ 3,396

Vorkommen Stickstoff fördert die Verbrennung nicht, ist nicht brennbar, löscht Flammen und kann Lebewesen ersticken. Elementarer Stickstoff tritt nur in Form zweiatomiger Moleküle (N_2) auf und ist in der Luft zu 78 % enthalten. In der Erdkruste kommt anorganisch gebundener Stickstoff in Form von Nitraten und -vereinzelt- Ammoniumsalzen vor. Stickstoff ist in praktisch allen Eiweißen und einer großen Zahl Naturstoffe enthalten; er ist essentiell für Lebewesen.

Mikroorganismen können im Gegensatz zu Pflanzen molekularen, elementaren und sehr reaktionsträgen Stickstoff in ihren Körper einbauen.

So sind Bakterien wie Azotobacter und Cyanobakterien in der Lage, Stickstoff aus der Luft zur Produktion körpereigener Proteine einzusetzen. Die Menge des Stickstoffs, die auf diese Weise gebunden werden kann, ist aber relativ gering; pro Hektar Ackerboden und Jahr können rund 5–15 kg gebunden werden.

Andere Bakterien siedeln sich in den Wurzeln von Hülsenfrüchtlern an und werden von diesen mit Nährstoffen versorgt. Im Gegenzug führt ein in ihnen enthaltenes Enzym, die Nitrogenase, der Wirtspflanze Ammonium zu, das es aus Luftstickstoff synthetisiert. Dies ist ein Musterbeispiel für eine Symbiose.

In Gebieten, in denen hohe Niederschlagsmengen auftreten, erzeugen häufig auftretende Gewitter bei elektrischen Entladungen Stickstoffoxide (NO_x), die der Regen aus der Luft auswäscht. So erhält der Boden pro Jahr und Hektar immerhin

20 bis 25 kg Stickstoff zusätzlich zugeführt. Aus den Stickstoffoxiden werden im Boden schließlich Nitrate gebildet.

Seit gut hundert Jahren erzeugt das Haber-Bosch-Verfahren Ammoniak aus Luftstickstoff und Wasserstoff, das hauptsächlich zur Produktion von Düngern verwendet wird. Auch in Automotoren entstehen beim Verbrennen des Kraftstoffes zunächst Stickoxide, die in der Vergangenheit, ohne dass ein katalytischer Abbau oder eine Reinigung zwischengeschaltet gewesen wäre, an die Umgebungsluft abgegeben wurden. Die heute in Motoren eingebauten Katalysatoren reduzieren Stickstoffoxide zu Ammoniak.

Im Boden liegt fast der gesamte chemisch gebundene Stickstoff organisch gebunden vor, nur ein sehr kleiner Teil ist in Form von Ammonium und Nitrat gebunden. Der Kohlenstoffgehalt des Bodens ist eng an die Konzentration des Stickstoffs dort gekoppelt.

Gewinnung Stickstoff gewinnt man vor allem durch fraktionierte Destillation verflüssigter Luft nach dem Linde-Verfahren. Damit lassen sich Reinheiten von bis zu 99,99999 % erzielen. Soll der allerletzte Rest Sauerstoff entfernt werden, kann dieser durch Pflanzen wie z. B. Reiskeimlinge, über die der Stickstoff geleitet wird, aufgenommen werden.

Deutlich weniger aufwendig und wesentlich preiswerter kann man 99 %igen Stickstoff durch mehrstufige Adsorption/Desorption an Zeolithen erhalten. Oder aber man presst Druckluft (Druck 5 bis 13 bar) durch eine Kunststoffmembran (Membranverfahren), wobei Stickstoff und Argon wesentlich langsamer durch diese Membran diffundieren als Sauerstoff, Wasser und Kohlendioxid. Die Einstellung der Durchströmgeschwindigkeit bestimmt die Reinheit, die für Kleinmengen bis hinauf zu 99,995 % getrieben werden kann.

Bei einem alten Verfahren leitet man Sauerstoff über glühende Kohle und wäscht das entstandene Kohlendioxid aus. Im Labor erzeugt man reinen Stickstoff durch Thermolyse von Ammoniumnitrit oder Natriumazid bei erhöhter Temperatur (Brauer 1963, S. 457–460). Letztes Verfahren erfordert wegen der Explosivität von Natriumazid aber große Vorsicht und die Einhaltung von Schutzmaßnahmen:

$$NH_4NO_2 \rightarrow 2H_2O + N_2 \qquad 2NaN_3 \rightarrow 2Na + 3N_2$$

Eigenschaften Stickstoff ist ein farb-, geruch- und geschmackloses Gas, das bei $-196\,°C$ zu einer farblosen Flüssigkeit kondensiert. Es ist in Wasser nur sehr schwach löslich (23,2 mg Stickstoff pro Liter Wasser bei $0\,°C$) (Riedel und Janiak 2011).

Stickstoff tritt in seinen Verbindungen vorwiegend kovalent gebunden auf. Das Stickstoffatom richtet seine vier äußeren Elektronenpaare gemäß einer sp^3-Hybridisierung aus. So gehen in Verbindungen wie Ammoniak, Aminen generell und Hydroxylamin vom Stickstoffatom stets drei Einfachbindungen in Form jeweils eines Elektronenpaares aus. Außerdem befindet sich am Stickstoffatom noch ein freies Elektronenpaar, das für dessen vorwiegend nukleophilen und basischen Charakter verantwortlich ist.

Molekularer Stickstoff (N_2) ist bedingt durch die sehr stabile N≡N-Dreifachbindung sehr reaktionsträge; die Bindungsdissoziationsenergie liegt bei 942 kJ/mol (Holleman et al. 2007, S. 653). Es bedarf starker Zufuhr von Energie bzw. einer durch Katalysatoren aufzuwendenden Aktivierungsenergie, um diese Bindung aufzubrechen und Stickstoff zu chemischen Reaktionen zu veranlassen.

2004 gelang es Forschern des Mainzer Max-Planck-Instituts für Chemie, durch Anwendung hoher Drücke (> 110 GPa) bei extrem hohen Temperaturen (> 2000 K) einen polymeren und kristallinen Stickstoff zu erzeugen. Dieser ist allerdings sehr instabil und neigt zu explosionsartiger Zersetzung (Max-Planck-Gesellschaft 2004).

Verbindungen Die große Gruppe der Stickstoff-Wasserstoffverbindungen gründet auf Ammoniak (NH_3) und Hydrazin (N_2H_4). Ammoniak ist ein farbloses, wasserlösliches, giftiges Gas von stechendem Geruch. Seine wässrige Lösung reagiert basisch (Ammoniakwasser oder „Salmiakgeist"). Größtenteils wird es zu Düngemitteln, vor allem Harnstoff und Ammoniumsalzen, weiter verarbeitet. Hergestellt wird es fast ausschließlich über das sehr energieintensive Haber-Bosch-Verfahren mit Wasserstoff und Stickstoff als Ausgangsstoffen (Appl 2006). Nach Abtrennung des Kohlendioxids werden Stickstoff und Wasserstoff im geeigneten Verhältnis gemischt, dabei meist auf einen Druck von 150 bis 200 bar komprimiert und auf eine Temperatur von 400 bis 500 °C erhitzt. Katalysatoren sind hierfür meist Eisenverbindungen, denen Aluminium- oder Calciumoxid zugemischt sind. Gegenwärtig liegt die jährliche Produktionsmenge bei rund 150 Mio. t; die wichtigsten Produktionsländer sind China, Russland und die USA (U.S. Department of the Interior 2009).

Ammoniak Ammoniak kondensiert bei $-33\,°C$ zu einer stark lichtbrechenden, farblosen Flüssigkeit. Bei 20 °C genügt ein Druck von 900 kPa zur Verflüssigung. Die kritische Temperatur beträgt 132,4 °C, der kritische Druck 113 bar [32]. Bei $-77,7\,°C$ erstarrt Ammoniak zu farblosen Kristallen. Im Vergleich zu den Wasserstoffverbindungen seiner homologen Elemente [Monophosphan (PH_3), Monoarsan (AsH_3)] liegen sein Siedepunkt und auch seine Verdampfungswärme (23,35 kJ/mol) relativ hoch, da es in der flüssigen Phase Wasserstoffbrückenbindungen ausbildet (Holleman et al. 2007, S. 665).

Flüssiges Ammoniak ist ein gutes polar-protisches Lösungsmittel und ähnelt hierin Wasser. Es löst Ester, Alkohole und Phenole, ebenso auch Alkali- und Erdalkalimetalle. Letztgenannte Lösungen sind blau und enthalten solvatisierte Metallionen und Elektronen. Ebenso bildet Ammoniak Amminkomplexe mit vielen Übergangsmetallen, von denen die stabilsten mit Cr^{3+}, Pd^{2+}, Pt^{4+}, Ni^{2+} und Cu^{2+} gebildet werden.

Ammoniak ist Ausgangsstoff für die Produktion fast aller anderen Stickstoffverbindungen. Knapp die Hälfte entfällt dabei auf Harnstoff, aus dem man Dünger und Harnstoffharze herstellt. Ebenso produziert man weitere Dünger direkt aus Ammoniak. Auch Salpetersäure erzeugt man ausgehend von Ammoniak nach dem Ostwald-Verfahren. Bei Kontakt zu den bei der Synthese eingesetzten Platinkatalysatoren reagiert Ammoniak mit Sauerstoff zu Stickoxiden, die sich mit Wasser weiter zu Salpetersäure umsetzen.

Hydrazin Hydrazin (N_2H_4) kann man technisch auf mehrere Arten herstellen, die sich aber hinsichtlich ihres Reaktionsmechanismus ähneln.

Bei der klassischen Raschig-Synthese wird Ammoniak mit Natriumhypochlorit oxidiert, wobei sich Monochloramin als Zwischenprodukt bildet (I), das mit weiterem Ammoniak zu Hydrazin weiterreagiert (II):

$$NH_3 + ClO^- \rightarrow NH_2Cl + OH^- \quad (I)$$

$$NH_2Cl + NH_3 + OH^- \rightarrow N_2H_4 + Cl^- + H_2O \quad (II)$$

Erleichtert wird dieses mittels Druckeinspeisung von Ammoniak betriebene Verfahren durch Freisetzung einer großen Reaktionswärme in Schritt I, die das Reaktionsgemisch auf über 100 °C erhitzt.

Der Bayer-Prozess nutzt dieselben Ausgangschemikalien (Ammoniak/Natriumhypochlorit), der Zusatz von Aceton ergibt jedoch schon im ersten Schritt ein Ketazin ($Me_2C=N-N=CMe_2$), das mit Wasser bei einem Druck von 8–12 bar und Temperaturen um 180 °C zu Hydrazin und Aceton hydrolysiert. Letzteres wird in den Prozess zurückgeführt.

Das Pechiney-Ugine-Kuhlmann Verfahren ist das modernste und wird hauptsächlich angewandt. Dabei oxidiert man Ammoniak mit Wasserstoffperoxid (H_2O_2) in Anwesenheit von Methylethylketon als Ketazinbildner; Acetamid und Natriumdihydrogenphosphat fungieren als Katalysatoren. Der Vorteil dieses Prozesses sind geringerer Energieverbrauch und das Fehlen zwangsweise anfallender Chloride.

Wasserfreies Hydrazin ist eine endotherme Verbindung, die in wasserfreiem Zustand explosiv ist. In Form verdünnter wässriger Lösungen fungiert es als ein sehr effektives Mittel zur Korrosionsverhinderung in Wasser-Dampf-Kreisläufen, da es die auf Stahloberflächen gebildete, lose Deckschicht des Eisen-III-oxids in solche aus Eisen-II, III-oxid (Fe_3O_4) umwandelt, die auf dem Metall fest haften und dieses vor weiterem Angriff durch Wasser schützen. Besonders in Wasser-Dampfkreisläufen ist praktisch keine Wasserhärte vorhanden, weswegen das Wasser extrem korrosiv wirkt und man sehr wirksame Korrosionsinhibitoren benötigt.

Nitride und Azide Stickstoff bildet mit zahlreichen Metallen und Nichtmetallen Nitride. Diese können bei sehr hoher Temperatur entweder direkt aus den Elementen oder aber aus Ammoniak und geeigneten Verbindungen des Metalls/Nichtmetalls hergestellt werden. Mit Nichtmetallen werden dabei kovalent aufgebaute, jedoch zum Teil sehr hochschmelzende und harte Nitride wie Bornitrid (BN) und Siliciumnitrid (Si_3N_4) gebildet. Mit Übergangsmetallen dagegen resultieren „metallische Nitride", die also metallähnliche Kristallgitter aufbauen und ebenfalls sehr hohe Schmelzpunkte aufweisen [Titannitrid (TiN) und Chromnitrid (CrN)]. Salzartige, den Oxiden noch am ehesten ähnelnde Verbindungen bilden nur Alkali- und Erdalkalimetalle (Lithiumnitrid (Li_3N) und Magnesiumnitrid (Mg_3N_2), die mit Wasser zu Ammoniak und Metallhydroxid hydrolysieren.

Azide: Natriumazid (NaN_3) erzeugt man durch Überleiten von Distickstoffmonoxid (N_2O) über Natriumamid ($NaNH_2$) bei 180 °C. Während sich Natriumazid noch bei 275 °C unzersetzt schmelzen lässt, ist die ihm zugrunde liegende Stickstoffwasserstoffsäure (HN_3) sehr instabil und kann bei Schlag oder Stoß explosionsartig verpuffen.

Stickoxide und Salpetersäure Stick(stoff)oxide sind mit Ausnahme des als Anästhetikum („Lachgas") verwendeten Distickstoffmonoxids (N_2O) sehr giftige, meist endotherme und damit instabile Verbindungen. Das farblose Stickstoffmonoxid (NO, Schmelzpunkt -164 °C, Siedepunkt -15 °C) ist ein radikalisches Molekül, das an der Luft sehr schnell zum braunen Stickstoffdioxid (NO_2) oxidiert wird. NO und NO_2 entstehen im Zuge einer Disproportionierung, wenn Nitrite, die Salze der Salpetrigen Säure (HNO_2) mit starken Säuren versetzt werden.

Stickstoffdioxid (NO_2) ist ein rotbraunes, sehr giftiges Gas, kondensiert unter Normalbedingungen bei einer Temperatur von 21 °C und ist ein starkes Oxidationsmittel. In der Kälte dimerisiert es zunehmend zum farblosen Distickstofftetroxid (N_2O_4). Man gewinnt es als Zwischenprodukt der Synthese von Salpetersäure durch Oxidation von Stickstoffoxid (NO) mit Luft.

Distickstoffpentoxid (N_2O_5) ist das Anhydrid der wasserfreien Salpetersäure (HNO_3), aus der es mit Hilfe stark wasserentziehender Mittel (z. B. Phosphor-V-oxid) bei tiefen Temperaturen hergestellt werden kann. Es bildet bei Raumtemperatur farblose Kristalle, die bei einer Temperatur von 41 °C schmelzen; die Flüssigkeit siedet bei 47 °C. Es ist sehr zersetzlich und wirkt stark oxidierend.

Stickstoffhalogenide Stickstoff-III-fluorid (NF_3) ist ein farbloses, modrig riechendes Gas, das bei $-128{,}8$ °C kondensiert; die Flüssigkeit erstarrt bei $-206{,}6$ °C. Der Pionier der deutschen Fluorchemie, Otto Ruff, stellte es erstmals durch Elektrolyse wasserfreien Ammoniumhydrogendifluorids (NH_4HF_2) dar. Heute erzeugt man es meist aus Fluor und Ammoniak bei Gegenwart von Kupfer-Katalysatoren.

Stickstoff-III-chlorid (NCl_3, korrekter: Trichlornitrid!) kann man durch Einleiten von Chlor in konzentrierte wässrige Ammoniumsalzlösungen herstellen. Die gelbe Flüssigkeit ist hochexplosiv, ebenso das rote Tribromnitrid (NBr_3) und der schwarzbraune Iodstickstoff (NI_3, Triiodnitrid), die gleichfalls aus dem jeweiligen Halogen und Ammoniakwasser bzw. Lösungen von Ammoniumsalzen hergestellt werden können. Auch letztgenannte Verbindungen sind sehr instabil und explodieren in reinem oder zumindest konzentrierten Zustand bereits bei schwacher Berührung.

Salpetersäure und Nitrate, Salpetrige Säure und Nitrite Natriumnitrit ($NaNO_2$) ist das Natriumsalz der Salpetrigen Säure (HNO_2)und wurde früher zum Pökeln von Fleisch eingesetzt. Man stellt es durch Einleiten von Stickoxiden in Natronlauge her. Die freie Salpetrige Säure entsteht in situ durch Versetzen wässriger Nitritlösungen mit starken Mineralsäuren, zersetzt sich aber schnell zu Wasser, Stickstoffmonoxid und Stickstoffdioxid.

Nitrate und ihre Salze, die Salpetersäure (HNO_3), gehören zu den wichtigsten Grundchemikalien. Wasserfreie Salpetersäure wirkt stark oxidierend, ist leicht zersetzlich und siedet bei einer Temperatur von 86 °C. Die handelsübliche konzentrierte Säure enthält 65 Gew.-% HNO_3. Sie ist der Ausgangsstoff für die große Zahl organischer Nitroverbindungen, unter denen einige Sprengstoffe sind [z. B. Glycerintrinitrat (Dynamit)]. Große Nitratvorkommen befinden sich in Chile („Chilesalpeter").

Andere Stickstoffverbindungen Blausäure (HCN) und ihre Salze, die Cyanide, sind hochgiftig, weil die stabilen, eine C≡N-Dreifachbindung aufweisenden Cyanidionen sich an das im Hämoglobin enthaltene Eisen-III-ion anlagern und es so für die Aufnahme von Sauerstoff blockieren, was bei Einatmen größerer Mengen zum Tod durch Ersticken führt. In Bittermandeln liegen geringe Konzentrationen an Blausäure vor. Kaliumcyanid („Zyankali") kam als tödlich wirkendes Gift bei Hinrichtungen zum Einsatz. Organische Cyanide heißen Nitrile (R-CN), z. B. Acetonitril (H_3C-CN), die man vielfach als Lösemittel bzw. in Synthesen einsetzt.

Zu den organische Stickstoffverbindungen zählen die jeweils großen Gruppe der Amine, Amide, Aminosäuren – aus denen die Eiweiße aufgebaut sind –, die Azofarbstoffe (Anilingelb), Sprengstoffe (Nitroverbindungen (Nitromethan), Sprengstoffe (Salpetersäureester), stickstoffhaltige Heterocyclen (Alkaloide wie Morphin, Coffein usw.) und die Gerüstmoleküle, die unsere Erbsubstanz tragen. Eine ausführliche Diskussion all dieser Verbindungsgruppen würde bei weitem den Rahmen dieses Buches sprengen.

Anwendungen Zur Befüllung von Reifen großer Flugzeuge setzt man Stickstoff ein, da er zumindest von innen die Bildung von Bränden verhindert, die durch die bei Start und Landung auftretende Reibungshitze gefördert werden können. Wegen seiner chemischen Inertheit dient er auch als Lampenfüllgas; ebenso ist er als Schutzgas zum Schweißen und als Treibgas, Packgas sowie als Treibmittel zum Aufschlagen von Sahne als Lebensmittelzusatzstoff E 941 zugelassen (Zusatzstoff-Zulassungsverordnung, Bundesministerium der Justiz und für Verbraucherschutz 1977). Ist die Anwendung hoher Drücke in Getränkezapfanlagen aufgrund langer Leitungen oder besonderer Höhenunterschiede erforderlich, so setzt man Stickstoff zusammen mit Kohlendioxid als Druckgas ein.

Stickstoff ist neben Wasserstoff der Ausgangsstoff für die Produktion von Ammoniak nach dem Haber-Bosch-Verfahren. Eine große Zahl von Verbindungen des Stickstoffs findet in organischen Synthesen sowie Düngemitteln Einsatz.

Viele Sprengstoffe enthalten chemisch gebundenen Stickstoff; meist sind dies Nitroverbindungen. Liegen genügend Nitrogruppen im Molekül vor, z. B. bei Pikrinsäure oder Dynamit, so reagieren die Sauerstoffatome der Nitrogruppen leicht mit den Kohlen- und Wasserstoffatomen desselben Moleküls; oft reicht als Anregung bereits ein Schlag oder Temperaturerhöhung aus. Als Produkte entstehen zahlreiche Gase, die sich mit großer Wucht und entsprechender Sprengwirkung ausdehnen.

Da der Siedepunkt von Stickstoff bei $-196\,°C$ liegt, kann er zur Verflüssigung aller höher siedenden Gase wie Sauerstoff, Argon, Krypton etc. verwendet werden. Flüssiger Stickstoff (Dichte 0,8085 kg/L) siedet bei $-195,8\,°C$ (Römpp online). Man verwendet ihn deshalb auch zur Erzielung supraleitender Eigenschaften, zur Kühlung von Infrarot-Fotoempfängern und zur Lagerung bzw. zum Schockfrieren biologischer und medizinischer Proben. Meist bewahrt man Flüssigstickstoff in Dewar-Gefäßen auf, die einen isolierenden Mantel ähnlich einer Thermoskanne enthalten.

Im Tiefbau setzt man ihn zur Bodenvereisung ein. Bei der Wiederaufarbeitung gebrauchter Kabel entfernt man den isolierenden Kunststoff, indem man ihn durch Tauchen in flüssigen Stickstoff spröde macht, so dass er leicht vom umhüllten Metall (Kupfer, Aluminium) entfernt werden kann.

Metallische Werkstoffe lassen sich durch „Tiefkühlen" in flüssigem Stickstoff künstlich altern. Ebenso schrumpft man Getriebewellen so weit, dass die später aufgesetzten Zahnräder durch Pressdruck sicher auf der Welle halten.

Die sogenannte „Stickstoffbestattung" (Promession) wird in einigen Ländern, jedoch noch nicht Deutschland, als Alternative zur Krematoriumsbestattung (Leichenverbrennung) durchgeführt. Man friert den Leichnam in einem Bad aus flüssigem Stickstoff ein und zermahlt den erstarrten Körper danach zu einem Pulver, der in einer biologisch abbaubaren Urne beigesetzt wird.

5.2 Phosphor

Symbol	P		
Ordnungszahl	15	Phosphor, weiß (BXXXD 2006)	
CAS-Nr.	12185-10-3 (weiß) 7723-14-0 (rot)		
Aussehen	Weiß-beiger Feststoff Roter Feststoff Schwarzer Feststoff	Phosphor, rot (li.), violett (re.) (Krimbacher 2005)	Phosphor (rot), Pulver (Sicius 2015)
Entdecker, Jahr	Brand (Hannover/Fürstentum Calenberg), 1669		
Wichtige Isotope [natürliches Vorkommen (%)]	Halbwertszeit (a)	Zerfallsart, -produkt	
$^{31}_{15}P$ (100)	Stabil	----	
Massenanteil in der Erdhülle (ppm)	900		
Atommasse (u)	30,974		
Elektronegativität (Pauling ◆ Allred&Rochow ◆ Mulliken)	2,19 ◆ K. A. ◆ K. A.		

Normalpotential für: $PH_3 + 3H_2O \rightarrow P + 3H_3O^+ + 3e^-$ (V)	$-0{,}89$
Atomradius (pm)	100
Van der Waals-Radius (berechnet, pm)	180
Kovalenter Radius (pm)	107
Elektronenkonfiguration	[Ne] $3s^2\,3p^3$
Ionisierungsenergie (kJ/mol), erste ♦ zweite ♦ dritte	1012 ♦ 1907 ♦ 2914
Magnetische Volumensuszeptibilität	$-1{,}9 * 10^{-5}$ (rot) $-2{,}9 * 10^{-5}$ (schwarz)
Magnetismus	Diamagnetisch
Kristallsystem	Orthorhombisch (schwarz)
Elektrische Leitfähigkeit([A/(V * m)], bei 300 K)	$1 * 10^{-9}$(weiß)
Elastizitäts- ♦ Kompressions- ♦ Schermodul (GPa)	5 (weiß), 12 (rot) ♦ 30 (schwarz) ♦ k. A.
Vickers-Härte ♦ Brinell-Härte (MPa)	Keine Angabe
Schallgeschwindigkeit (m/s, bei 273,15 K)	Keine Angabe
Dichte (g/cm^3, bei 273,15 K)	1,83 (weiß) 2,0–2,4 (rot) 2,69 (schwarz)
Molares Volumen (m^3/mol, im festen Zustand)	$17{,}02 \cdot 10^{-6}$ (weiß)
Wärmeleitfähigkeit ([W/(m * K)])	0,236
Spezifische Wärme ([J/(mol * K)])	23,82
Schmelzpunkt (°C ♦ K)	44,2 ♦ 317,3 (weiß)
Schmelzwärme (kJ/mol)	0,64
Siedepunkt (°C ♦ K)	280 ♦ 553,2 (weiß)
Verdampfungswärme (kJ/mol)	51,9
Kritischer Punkt (°C ■ MPa)	1037 ■ 20,7

Vorkommen In der Natur kommt Phosphor nur chemisch gebunden vor, meist als Phosphat in der Erdkruste [Gehalt in der Erdkruste: ~0,09 % (Holleman et al. 1985)]. Die wichtigsten Mineralien sind die Apatite [$Ca_5(PO_4)_3(F, Cl, OH)$], vor allem Fluorapatit und Phosphorit. Erwähnenswert ist auch der als Schmuckstein verwendete Türkis ($CuAl_6[(PO_4)(OH)_2]_4 * 4H_2O$) .

Afrika (Marokko und Republik West-Sahara), Südafrika, Jordanien, China und die USA (Florida) besitzen mehr als drei Viertel aller Rohphosphat-Reserven. Schätzungen über die Laufzeit dieser Vorkommen reichen von 50 bis 130 Jahren (University of Technology, Sydney 2006). Demgegenüber ging die deutsche Bundesregierung noch 2012 angesichts neu entdeckter, voraussichtlich sehr ergiebiger

Lagerstätten in Nordafrika und dem Irak davon aus, dass die Vorräte noch fast 400 Jahre reichen; dies aber immer unter der Voraussetzung stabiler politischer Verhältnisse in diesen Regionen. Weiterhin existieren große Vorkommen unter Wasser, die momentan aber nicht ökonomisch abgebaut werden können.

Daneben kommt Phosphor in Konzentrationen bis zu 8 % in Guano (Kot von Meeresvögeln) vor (Okrusch und Mattes 2005), so beispielsweise auf pazifischen Inseln (Nauru, Kiribati) und in Südamerika (Peru, Chile). Der praktisch nur auf dem Abbau von Guano beruhende wirtschaftliche Aufschwung von Nauru ist allerdings schon wieder vorbei, da die Phosphatvorkommen inzwischen fast vollständig abgebaut sind. Weltweit wurden 2010 ca. 180 Mio. t Rohphosphat gefördert, die zu 90 % in Düngern verarbeitet werden.

In Knochen und Zähnen ist Hydroxylapatit $[Ca_5(PO_4)_3OH]$ ein wichtiger Baustein. Essentiell für den Organismus sind organische Phosphorverbindungen als Bestandteile sowohl der Nukleinsäuren als auch des Energieträgers Adenosintriphosphat (ATP).

Gewinnung Phosphaterz (meist Apatit oder Phosphorit) erhitzt man im elektrischen, geschlossenen Niederschachtofen zusammen mit Quarzsand oder -kies auf 1500 °C. Söderberg-Elektroden führen die Wärme zu, bei denen ein dünner, innenseitig mit Widerhaken versehener Blechmantel in den Ofen hineinragt. Der Blechmantel wird vom anderen Ende her fortlaufend mit einer aus **Anthrazitpulver**, **Petrolkoks** und **Teer** bestehenden, auf ca. 130 °C erhitzten Masse gefüllt. Der Rohrmantel wird auch zur Stromzuführung genutzt, später backt die Hitze der Schmelze den Inhalt des Rohres zu leitendem Graphit, der ebenfalls zur Stromleitung beiträgt.

Zwischen den Elektroden und dem Beschickungsgut brennt ein elektrischer Lichtbogen, der durch seine enorme Hitzeabstrahlung die Mischung zum Schmelzen und schließlich zur Reaktion bringt. Die nachfolgend beschriebene Umsetzung ist sehr stark endotherm, benötigt also die Zufuhr außerordentlich hoher Energie.

Die in der Elektrode befindliche Kohlenstoffmasse reduziert den chemisch gebundenen Phosphor zu elementarem, weißem Phosphor, der abdestilliert und unter Wasser aufgefangen wird. Der Quarzsand dient als Schlackenbildner.

$$2Ca_3(PO_4)_2 + 6SiO_2 + 10C \rightarrow 6CaSiO_3 + 10CO + P_4$$

Der in den 1970er und 1980er Jahren von der Fa. Knapsack in Hürth/Köln betriebene Lichtbogenofen zur Gewinnung weißen Phosphors verbrauchte zeitweilig bis

zu 10 % (!) des in der gesamten Bundesrepublik Deutschlands benötigten Indust-
riestroms.

Physikalische Eigenschaften Phosphor tritt in mehreren Modifikationen auf, die
nachfolgend einzeln beschrieben werden.

Weißer Phosphor Dieser ist die flüchtigste, giftigste und reaktivste Modifikation.
Seine Dichte beträgt 1,82 g/cm^3, sein Schmelzpunkt bzw. Siedepunkt 44,3 °C bzw.
280 °C. Er ist durchscheinend, wachsartig und kristallisiert kubisch. In Kohlenstoffdisulfid und Phosphortrichlorid ist er sehr gut löslich, in Tetrachlorkohlenstoff, Benzol oder Ether aber nur gering und in Wasser so gut wie gar nicht.

Bei einer Temperatur von − 76,9 °C geht die kubische (α-) Form in eine hexago-
nale (β-)Form über. In jeder dieser beiden Modifikationen bildet weißer Phosphor
P_4-Tetraeder mit einem Bindungswinkel von 60°.

Fein verteilt, entzündet sich weißer Phosphor an der Luft von selbst (er ist py-
rophor), bei erhöhten Temperaturen ab 50 °C aufwärts entzünden sich auch kom-
pakte Stücke bzw. die Schmelze und verbrennen zu Phosphor-V-oxid. Daher muss
man weißen Phosphor unter Wasser aufbewahren. Übergießen mit Wasser löscht
brennenden Phosphor nicht (vergleiche Phosphorbrandbomben, die während des
Zweiten Weltkriegs auf deutsche Städte abgeworfen wurden.). Brennender Phosphor wird von Wasser nur großflächig verteilt und entzündet sich nach Verdunsten
des Wassers von neuem; das beste Löschmittel ist noch Sand:

Weißer Phosphor reagiert in der Regel heftig mit den meisten Nichtmetallen
und Metallen. So entstehen z. B. Phosphorsulfide, Oxoderivate des Phosphor-III
oder Phosphor-V und Metallphosphide. Mit starken Laugen reagiert weißer Phosphor unter Disproportionierung zu Monophosphan (PH_3) und Hypophosphit. Weißer Phosphor ist außerdem ein starkes Reduktionsmittel.

Das bei der Verbrennung von Phosphor entstehende Phosphorpentoxid ist stark
wasseranziehend (hygroskopisch) und bildet mit der Luftfeuchtigkeit dichte Nebel
aus Phosphorsäure. Die Füllung von Nebelgranaten enthält weißen Phosphor.

Weißer Phosphor ist extrem giftig. Die für den Menschen tödliche Dosis beträgt
ca. 50 mg, wobei der Tod erst nach Ablauf einiger Tage eintritt. Weißer Phosphor
verbleibt lange im Organismus. Früher setzte man ihn als Rattengift ein. Wegen
seiner Toxizität (Sedelmayer 1932) und noch wirksamerer Mittel ist dies aber
überholt. Ursache ist vermutlich, dass weißer Phosphor wichtige oxidative Stoff-
wechselabläufe (Eiweiß- und Kohlenhydratsynthese) stört. Die bei Reaktion in der
wässrigen Phase mit entstehenden Phosphane sind starke Nervengifte. Eine wässrige Lösung von Kupfer-II-sulfat kann weißen Phosphor durch Fällung als schwer-
lösliches Kupfer-I-phosphid (Cu_3P) unschädlich machen.

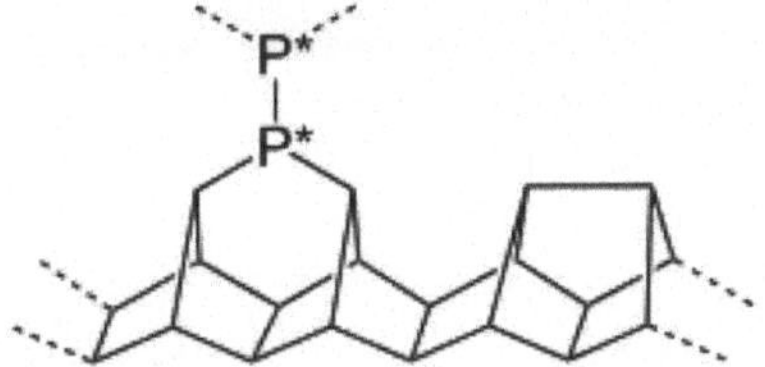

Abb. 5.1 Struktur des violetten (Hittorf'schen) Phosphors. Über die Phosphoratome P* sind zwei der abgebildeten Röhrchen verbunden (NEUROtiker 2008)

Im 19. Jahrhundert traten bei Arbeitern, die ohne vorhandenen Arbeitsschutz Streichhölzer herstellten, Kiefernekrosen auf, die nicht wieder ausheilten. Die Betroffenen wurden arbeitsunfähig; ihre Sterblichkeitsrate betrug etwa ein Fünftel. Seit 1906 ist die Verwendung weißen Phosphors in der Zündmasse von Streichhölzern verboten.

Roter Phosphor Roter Phosphor hat keine einheitlich definierte Kristallstruktur; es ist der Sammelbegriff für diverse amorphe und kristalline Formen. Seine Dichte beträgt 2,0–2,4 g/cm³, der Schmelzpunkt 585–610 °C. Meist ist roter Phosphor amorph, lässt sich jedoch durch Kristallisation aus flüssigem Blei in den monoklin kristallisierenden *Hittorfschen (violetten) Phosphor* überführen. Jener ist ein dreidimensional vernetztes Polymer (Thurn und Krebs 1967, 1969), das unlöslich in Kohlenstoffdisulfid und wie roter Phosphor ungiftig ist. Violetter ist auch aus weißem Phosphor durch zweiwöchiges Erhitzen auf Temperaturen um 550 °C zugänglich.

Roten Phosphor stellt man durch mehrstündiges Erhitzen weißen Phosphors auf ca. 260 °C unter Luftabschluss her. Bestrahlung weißen Phosphors mit Licht bewirkt ebenfalls die Umwandlung in roten Phosphor, jedoch verläuft diese sehr langsam. Ein Zusatz von Iod beschleunigt den Umwandlungsvorgang erheblich.

Roter Phosphor ist nicht selbstentzündlich; ist er aber mit starken Oxidationsmitteln vermischt, kann man ihn schon durch Reibung oder Schlag zur Entzündung bringen. Der violette Phosphor ist deutlich reaktionsträger und gleicht darin eher der schwarzen Modifikation (Abb. 5.1).

Schwarzer Phosphor Er ist die thermodynamisch stabilste Modifikation und leitet vom grau-glänzenden, faserigen Aussehen und seinen Halbleitereigenschaften her bereits zu den Halbmetallen über. Er ist als Stoff mit unten beschriebener Gitterstruktur im Gegensatz zu weißem Phosphor unlöslich in Kohlenstoffdisulfid, schwer entflammbar, sehr reaktionsträge und weist eine Dichte von 2,69 g/cm³ auf. Man stellt ihn durch Einwirkung eines Drucks von 12.000 bar bei Temperaturen um 200 °C aus weißem Phosphor her. Ebenfalls möglich ist die Kristallisation aus flüssigem Bismut oder Erhitzen in Gegenwart von Quecksilber.

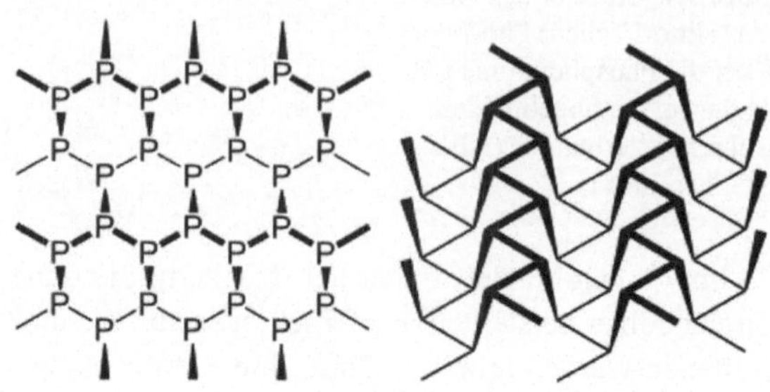

Abb. 5.2 Struktur des schwarzen Phosphors (NEU-ROtiker 2008)

Das Gitter weist stark aufgefaltete Schichten mit Sechsringmaschen auf. Die Abstände zweier Phosphoratome betragen 222–224 pm, die Winkel zwischen drei in Kette miteinander verbundenen Phosphoratomen liegen bei ca. 100° (Abb. 5.2).

Daneben kennt man weitere Hochdruck-Modifikationen, denn bei Anwendung von Drücken von 6 GPa kristallisiert Phosphor in der rhomboedrischen Arsen-Struktur. Bei noch höheren Drücken [>11 GPa (110 kbar)] erfolgt Übergang zu einem kubisch-primitiven Gitter, wie es unter den Metallen nur Polonium zeigt (Röhr 2015). Erst bei Drücken von >250 GPa entsteht ein kubisch-innenzentriertes Gitter, wie es bei vielen Metallen angetroffen wird.

Kürzlich gelang es, durch Anwendung deutlich niedrigerer Drücke eine weitere Modifikation des schwarzen Phosphors darzustellen (Lange et al. 2007; Brauer 1963, S. 518–525).

In feuchter Luft oxidiert schwarzer Phosphor etwas schneller als roter Phosphor, jedoch bildet sich auf ihm eine viskose, aus verschiedenen Sauerstoffsäuren des Phosphors bestehende Flüssigkeitshaut, die den Zutritt weiterer Sauerstoffs verhindert. Schwarzer Phosphor ist wie der rote ungiftig.

Phosphor-Nanostäbchen Pfitzner und Eckart stellten 2004 zwei weitere Modifikationen des Phosphors her und charakterisierten ihre Struktur: Phosphor-Nanostäbchen. Hier sind die Phosphoratome in Form polymerer Ketten angeordnet (Pfitzner et al. 2004). Diese rotbraune, faserige Modifikation kann man wochenlang an der Luft lagern, ohne dass sie sich verändert. Die Analyse der Festkörperstruktur zeigt lange, parallel ausgerichtete Nanostäbe mit Durchmessern von ungefähr 0,34 bzw. 0,47 nm.

Chemische Eigenschaften Phosphor ist sehr reaktionsfähig und verbindet sich mit fast allen Metallen und Nichtmetallen. Dabei tritt er in allen Oxidationsstufen zwischen -3 und $+5$ auf, wobei letztgenannte auch die bevorzugten sind.

Verbindungen mit Wasserstoff Phosphane sind Verbindungen des dreibindigen Phosphors in den Oxidationsstufen -3 bis $+3$ mit Wasserstoff oder Alkyl-/Arylgruppen. Letztere sind über ein Kohlenstoffatom direkt mit dem Phosphoratom verbunden. Monophosphan (PH_3) ist ein brennbares, äußerst giftiges, im reinen Zustand geruchloses Gas vom Kondensationspunkt $-88°C$. Reines Monophosphan ist erst bei Temperaturen oberhalb von 150 °C selbstentzündlich. Durch die praktisch immer vorhandene Verunreinigung mit Diphosphan (P_2H_4) brennt Monophosphan aber auch bei Raumtemperatur beim Zutritt von Luft. Dieses üblicherweise auftretende Gasgemisch besitzt einen starken Geruch nach Knoblauch.

Verbindungen mit Sauerstoff Mit Sauerstoff bildet Phosphor einige direkte Verbindungen. Phosphortrioxid (P_4O_6) ist weiß, sehr giftig und reaktiv. Es oxidiert an der Luft schnell zu Phosphorpentoxid (P_4O_{10}) weiter. Phosphortetroxid (P_2O_4) ist durch selektive Oxidation von Phosphortrioxid in Tetrachlorkohlenstoff herstellbar. Phosphorpentoxid (P_4O_{10}) ist das wichtigste Phosphoroxid. Es ist das Anhydrid der Phosphorsäure und äußerst hygroskopisch, weshalb es als Trocknungsmittel verwendet wird.

Von diesen Oxiden ausgehend können eine große Zahl von Phosphor-Sauerstoff-Säuren, analog wie dies bei Schwefel und seinen Sauerstoffverbindungen der Fall ist, dargestellt werden. Diese sind nachstehend beschrieben:

Oxidationszahl des Phosphors	Säuren des Typs H_2PO_n (*Salze*)	Säuren des Typs $H_2P_2O_n$ (*Salze*)
+1	Phosphinsäure, H_3PO_2 *(Phosphinate)*	
+2		Hypodiphosphonsäure, $H_4P_2O_4$ *(Hypodiphosphonate)*
+3	Phosphorige Säure, H_3PO_3 (Phosphite)	Diphosphonsäure, $H_4P_2O_5$ *(Diphosphonate)*
+4		Hypodiphosphorsäure, $H_4P_2O_6$ *(Hypodiphosphate)*
+5	Phosphorsäure, H_3PO_4 (Phosp*ate*) Peroxophosphorsäure, H_3PO_5 *(Peroxophosphate)*	Diphosphorsäure, $H_4P_2O_7$ *(Diphosphate)* Peroxodiphosphorsäure, $H_4P_2O_8$ *(Peroxodiphosphate)*

Verbindungen mit Halogenen Phosphor geht mit Fluor, Chlor, Brom und Iod viele Verbindungen der Formeln PX_3, P_2X_4 und PX_5 ein. Die Fluorverbindungen sind bei Raumtemperatur gasförmig, die mit Chlor flüssig oder fest und die mit

Brom und Iod fast ausschließlich fest. Viele von ihnen sind, auch wegen der durch schnelle Hydrolyse bedingten Freisetzung von ätzend wirkendem Halogenwasserstoff, giftig.

Phosphortrichlorid (PCl_3) entsteht durch direkte Umsetzung von weißem Phosphor mit Chlor und ist eine farblose, schwere, an der Luft infolge Hydrolyse rauchende Flüssigkeit vom Erstarrungspunkt $-112\,°C$ und Siedepunkt $76\,°C$. Mit Methanol lässt es sich in Di- bzw. Trimethylphosphit bzw. mit Grignardverbindungen in Chloralkyl- bzw. Alkylphosphane umwandeln, die Ausgangsstoffe für viele organische Synthesen sind. In Kontakt mit Wasser tritt sehr heftige Reaktion unter Bildung von Phosphoriger Säure und Chlorwasserstoff ein.

Phosphor-V-chlorid (PCl_5) bildet farblose bis leicht gelbliche Kristalle, die mit Wasser sehr heftig zu Phosphorsäure und Chlorwasserstoff hydrolysieren. Schon bei Normaltemperatur, rascher beim Erhitzen, zersetzt sich die Verbindung in Phosphortrichlorid (PCl_3) und Chlor. Es sublimiert ab einer Temperatur von etwa $100\,°C$. Generell dient PCl_5 als Chlorierungsmittel, da es z. B. Carbonsäuren in ihr entsprechendes Säurechlorid umwandelt.

Phosphortrifluorid (PF_3) ist ein farbloses Gas (Kondensationspunkt $-95,2\,°C$) stechenden Geruchs, das aus PCl_3 und Fluorwasserstoff hergestellt werden kann. Es wirkt sehr giftig beim Einatmen, da es sich irreversibel an den Blutfarbstoff Hämoglobin anlagert und die Aufnahme von Sauerstoff blockiert. Phosphor-V-fluorid (PF_5) ist ein farbloses, ebenfalls extrem giftiges, stechend riechendes Gas vom Kondensationspunkt $-84,6\,°C$, das sich mit Wasser heftig zu Phosphorsäure und Fluorwasserstoff umsetzt. Man stellt es aus Phosphor-V-chlorid und Arsen-III-fluorid her.

Phosphortribromid (PBr_3) ist eine farblose und sehr schwere Flüssigkeit (Dichte: $2,88\ g/cm^3$) von stechendem Geruch. Sie ist durch direkte Reaktion aus den Elementen zugänglich und sehr empfindlich gegenüber Wasser. Man setzt sie technisch z. B. als Katalysator oder zur Herstellung von Carbonsäurebromiden ein. Phosphorpentabromid (PBr_5) ist ein gelber Feststoff vom Schmelzpunkt $106\,°C$, weist einen stechenden Geruch auf, ist extrem hygroskopisch, hitze- und wärmeempfindlich und wirkt korrodierend.

Die Reaktion von Iod und weißem Phosphor in Kohlenstoffdisulfid ergibt Phosphortriiodid (PI_3), das ein roter Feststoff vom Schmelzpunkt $61\,°C$ und der Dichte $4,18\ g/cm^3$ ist und sich bei Kontakt mit Wasser schnell zersetzt.

Verbindungen mit Schwefel Die Sauerstoff- und Schwefelhalogenverbindungen des Typs POX_3 sind Ausgangsstoffe für die Synthese vieler Produkte, unter anderem Pflanzenschutzmittel.

Phosphorsulfide haben die allgemeine Formel P_4S_x ($x = 3$–10) und werden sie durch Erhitzen von rotem Phosphor und Schwefel in jeweiligem Mengenverhältnis hergestellt. Die wichtigste Verbindung ist das gelbe Phosphorpentasulfid (P_4S_{10}), das bei 288 °C schmilzt und durch Wasser leicht zu Phosphorsäure und Schwefelwasserstoff zersetzt wird. Es findet zur Synthese von Insektiziden und den als Schmierstoffe verwendeten Zinkdialkyldithiophosphaten Verwendung. Tetraphosphortrisulfid (P_4S_3) ist ein gelbgrüner, geruchloser Feststoff, der bei 172 °C schmilzt, gleichfalls empfindlich gegenüber Hydrolyse ist und noch teilweise als Inhaltsstoff der Zündmasse von Streichhölzern verwendet wird.

Verbindungen mit Stickstoff Triphosphorpentanitrid (P_3N_5) kann beispielsweise durch Umsetzung des Ammoniak-Adduktes von Tetraphosphordekasulfid (P_4S_{10}) mit Wasserstoff bei erhöhter Temperatur dargestellt werden (Corbridge 2013). Ein anderer Weg der Herstellung verläuft über die Reaktion trimeren Phosphornitrilchlorids ($PNCl_2)_3$ mit Ammoniak bei Temperaturen oberhalb von 800 °C. Es ist ein weißer, geruch- und geschmackloser Feststoff, der in allen Lösungsmitteln unlöslich und sehr stabil ist. Mit Wasser muss die Substanz im Autoklaven auf 180 °C erhitzt werden, damit Hydrolyse zu Ammoniak und Phosphorsäure eintritt. Eine Reaktion mit Sauerstoff erfolgt erst bei 600 °C (!) (Brauer 1975). Oberhalb 800 °C erfolgt Abspaltung von Stickstoff unter Bildung des Phosphor-III-nitrids (PN) (Holleman 1995, S. 789).

Phosphornitridchloride ($PNCl_2)_x$ kennt man nur als Polymere mit ring- oder kettenförmiger Struktur; man kann sie durch Umsetzung von Ammoniumchlorid mit Phosphorpentachlorid herstellen. Substituiert man die Chloratome z. B. durch Alkoxygruppen, so erhält man Elastomere.

Organische Verbindungen Viele organische Phosphorverbindungen enthalten Bindungen zwischen Phosphor- und Kohlenstoffatomen (Phosphane und ihre Derivate). In ihren Molekülen sind Wasserstoffatome durch einen oder mehrere organische Reste ersetzt, und das Phosphoratom kann drei- oder fünfbindig auftreten. Daher umfasst diese Klasse von Verbindungen auch Phosphinoxide (R_3PO) sowie Alkylphosphinsäuren [$R_2PO(OH)$] und Alkylphosphonsäuren [$R\text{-}PO(OH)_2$] bzw. deren Salze und Ester.

Phosphorsäureester spielen eine sehr wichtige Rolle im Stoffwechsel und sind auch in der menschlichen Erbsubstanz, der DNA, enthalten. Repräsentativ seien hier ADP/ATP/AMP, GTP/GDP/GMP und Phospholipide genannt.

Analytik Die geeignetste Methode, um das Vorliegen von Phosphorverbindungen nachzuweisen, ist die *^{31}P-NMR-Spektroskopie*, denn $^{31}_{15}P$ ist das einzige in der Natur vorkommende Isotop des Phosphors mit einem Kernspin von ½. Dies macht die Spektren leicht auswertbar, da nach Entkoppelung der von den Protonen (^1_1H) gelieferten Resonanzen scharfe Resonanzsignale resultieren. Verglichen mit der

^{1}H-NMR-Spektroskopie besitzt die ^{31}P-NMR-Spektroskopie zwar nur eine Empfindlichkeit von knapp 7%, aber die weit entwickelte Technik der Fourier-NMR-Spektroskopie hilft, diesen Nachteil auszugleichen und erzeugt sehr gut aufgelöste Spektren.

Nasschemisch erfolgt die qualitative und quantitative Analyse über das Orthophosphatanion (PO_4^{3-}). Qualitativ lässt sich dieses in angesäuerter Lösung sehr gut als gelbes *Ammoniummolybdatophosphat* nachweisen. Diese Reaktion ist auch zur photometrischen Bestimmung des Phosphatgehaltes einsetzbar (EN ISO 6878):

$$PO_4^{3-} + 12MoO_4^{2-} + 24H^+ + 3NH_4^+ \rightarrow NH_4)_3[P(Mo_3O_{10})_4] + 12H_2O$$

In ammoniakalischer Lösung kann man Orthophosphat bei Anwesenheit von Magnesiumionen als *Magnesiumammoniumphosphat* [$Mg(NH_4)PO_4$] ausfällen; diese Reaktion dient zur gravimetrischen quantitativen Analyse.

Die bei Anschein auf Vergiftung mit weißem Phosphor durchgeführte Mitscherlich-Probe besteht im Erhitzen des Mageninhaltes mit Wasser. Der weiße Phosphor, der mit Wasserdampf flüchtig ist, wird dann kondensiert; er leuchtet bei Kontakt mit Luftsauerstoff (Lumineszenz).

Die *volumetrische Bestimmung* des Orthophosphats erfolgt derart, dass man es mit Maßlösungen von Lanthan bzw. Bismut (La^{3+} bzw. Bi^{3+}) als $LaPO_4$ bzw. $BiPO_4$ ausfällt und anschließend die Menge des nicht durch die Fällungsreaktion verbrauchten Metallions mittels EDTA zurücktitriert.

Anwendungen Rund vier Fünftel des industriell hergestellten weißen Phosphors wird zu Phosphor-V-oxid verbrannt, das zu Phosphorsäure bzw. Phosphaten, letztere meist für Düngemittel, weiter umgesetzt wird.

Die restliche Menge wird meist zu Phosphortrichlorid (PCl_3) und Phosphor-V-sulfid (P_4S_{10}) verarbeitet, die wichtige Ausgangsstoffe für die Herstellung von Flammschutzmitteln, Additiven, Weichmachern und Pflanzenschutzmitteln sind.

Roten Phosphor setzt man zur Herstellung der Zündmasse von Streichhölzern ein. Jedoch dient er auch umgekehrt in Kunststoffen als Flammschutzmittel (Koch 2005).

Der direkte Aufschluss von Calciumphosphat mit konzentrierter Schwefelsäure liefert das so genannte Superphosphat. Mehr als die Hälfte der weltweit an Schwefelsäure erzeugten Menge geht in dieses Herstellverfahren.

Moderne Nebelmunition enthält keinen weißen Phosphor mehr, sondern nur noch roten (Koch 2008).

5.3 Arsen

Symbol	As		
Ordnungszahl	33		
CAS-Nr.	7440-38-2		
Aussehen	Gelb, nichtmetallisch Grau, metallisch glänzend Schwarzer, amorpher Feststoff	Arsen (Hahndorf 2015)	Arsen, gediegen, Scherbenkobalt (Ra'ike 2009)
Entdecker, Jahr	Albertus Magnus (Lauingen, Bayern), 1250		
Wichtige Isotope [natürliches Vorkommen (%)]	Halbwertszeit (a)	Zerfallsart, -produkt	
$^{75}_{33}$As (100)	Stabil	----	
Massenanteil in der Erdhülle (ppm)	5,5		
Atommasse (u)	74,922		
Elektronegativität (Pauling ♦ Allred&Rochow ♦ Mulliken)	2,18 ♦ K. A. ♦ K. A.		
Normalpot. für: $As_2O_3 + 6H^+ + 6e^-$ à $2As + 3H_2O$ (V)	0,24		
Atomradius (pm)	115		
Van der Waals-Radius (berechnet, pm)	185		
Kovalenter Radius (pm)	119		
Ionenradius (pm, As^{5+} bzw. As^{3+})	34 bzw. 58		
Elektronenkonfiguration	[Ar] $3d^{10}4s^2\,4p^3$		
Ionisierungsenergie (kJ/mol), erste ♦ zweite ♦ dritte	947 ♦ 1798 ♦ 2735		
Magnetische Volumensuszeptibilität	Grau: $-2,2 * 10^{-5}$ Gelb: $-1,8 * v10^{-6}$ Schwarz: $-1,8 * 10^{-6}$		
Magnetismus	Diamagnetisch		
Kristallsystem	Trigonal (grau)		
Elektrische Leitfähigkeit([A/(V * m)], bei 300 K)	$3,03 * 10^6$		
Elastizitäts- ♦ Kompressions- ♦ Schermodul (GPa)	22 ♦ 8 ♦ --		
Vickers-Härte ♦ Brinell-Härte (MPa)	-- ♦ 1440		
Schallgeschwindigkeit (m/s, bei 293,15 K)	Keine Angabe		
Dichte (g/cm³, bei 273,15 K)	5,72 (grau, 25 °C) 1,97 (gelb, 25 °C) 4,7–5,1 (schwarz, 60 °C)		

Molares Volumen (m³/mol, im festen Zustand)	$12{,}95 * 10^{-6}$
Wärmeleitfähigkeit ([W/(m*K)])	50
Spezifische Wärme ([J/(mol*K)])	24,64
Sublimationspunkt (°C ◆ K)	613 ◆ 886
Sublimationswärme (kJ/mol)	34,74
Tripelpunkt (°C ■ kPa)	817 ■ 3628

Vorkommen Der mittlere Gehalt von Arsen in der kontinentalen Erdkruste liegt bei ca. 1,7 ppm (Wedepohl 1995). In elementarer Form kommt es als sogenannter Scherbenkobalt vor. Insgesamt kennt man auf der Welt mehr als dreihundert Lagerstätten für gediegenes Arsen. Deutschland ist hierbei mit dem Schwarzwald, dem bayerischen Spessart und Oberpfälzer Wald, des Weiteren mit Hunsrück, Odenwald, Erzgebirge und Thüringer Wald vertreten. In Österreich wurde es unter anderem in den südlichen Bundesländern Kärnten und Steiermark, in der Schweiz in den Kantonen Wallis und Aargau gefunden.

Viel öfter tritt Arsen in der Natur legiert mit Antimon oder Kupfer auf; insgesamt sind knapp 600 Arsenminerale bekannt. Einige typische unter ihnen sind Duranusit (As_4S, Arsengehalt ca. 90 %), Skutterudit [Speiskobalt, $(Ni, Co)As_3$] und Arsenolith (As_2O_3, Arsengehalt jeweils etwa 76 %), außerdem Arsenopyrit (FeAsS), Löllingit ($FeAs_2$), Realgar (As_4S_4), Auripigment (As_4S_6), Cobaltit (CoAsS, Kobaltglanz), Domeykit (Cu_3As, Arsenkupfer), Enargit (Cu_3AsS_4), Gersdorffit (NiAsS, Nickelarsenkies), Proustit (Ag_3AsS_3, Rubinblende), Rammelsbergit ($NiAs_2$), Safflorit ($CoAs_2$) und Sperrylith ($PtAs_2$).

Arsen ist mit Phosphor chemisch eng verwandt. Daher findet man Arsenate öfters in phosphathaltigen Mineralien und Gesteinen. Pyrit (FeS_2) ist gelegentlich mit einigen Masseprozent Arsen verunreinigt.

Industriell gewinnt man Arsen als Nebenprodukt der Aufarbeitung von Gold-, Silber-, Zinn-, Kupfer-, Kobalt- und weiteren Metallerzen, ebenso bei der von Phosphaterz. Die wichtigsten Produktionsländer sind China, Chile (Nebenprodukt der Kupfergewinnung), Marokko (Nebenprodukt der Aufarbeitung von Phosphaterz) und Peru.

Vulkanausbrüche setzen insgesamt ca. 3000 t/a Arsen frei, Bakterien sogar 20.000 t/a in Form leicht flüchtiger Arsane und deren Derivate. Auch durch Verbrennen von Erdöl und Kohle gelangen größere Mengen Arsens in die Atmosphäre.

Gewinnung Arsen gewinnt man durch thermische Reduktion von Arsen-III-oxid mit Koks oder Eisen oder durch Erhitzen von Arsenkies (FeAsS) bzw. Arsenikalkies ($FeAs_2$) unter Luftabschluss in liegenden Tonröhren. Die Eisenerze spalten das Arsen bei starkem Erhitzen ab, das absublimiert und an kalten Oberflächen in kristalliner Form wieder gesammelt wird.

Hochreines Arsen, wie es in der Halbleiterindustrie benötigt wird (>99,99999%). stellt man durch Reduktion mehrfach destillierten Arsen-III-chlorids mit Wasserstoff her:

$$2AsCl_3 + 3H_2 \rightarrow 6HCl + 2As$$

Arsentrichlorid reagiert dabei mit Wasserstoff zu Chlorwasserstoff und elementarem Arsen.

Früher gewann man Arsen durch Sublimation aus Lösungen in flüssigem Blei, wobei der Schwefel der Arsenerze durch das Blei als Blei-II-sulfid(PbS) gebunden wird. Die so erreichte Reinheit von >99,999% war für die Anwendung in Halbleitern aber noch nicht ausreichend.

Weitere, aber sehr aufwendige Möglichkeiten sind das langsame Auskristallisieren aus geschmolzenem Arsen oder die Umsetzung zu Monoarsan (AsH_3), dessen Reinigung und darauf folgender Zersetzung bei Temperaturen um 600 °C in Arsen und Wasserstoff (Brauer 1963).

Physikalische Eigenschaften Arsen nimmt eine Mittelposition zwischen Nichtmetall und Metall innerhalb der fünften Hauptgruppe ein und ist daher ein Halbmetall; diese Modifikation ist auch die stabilste. Unter Normaldruck sublimiert Arsen bei einer Temperatur von 616 °C unter Bildung eines zitronengelben Dampfes, der bis zu einer Temperatur von ca. 800 °C aus As_4-Molekülen besteht. Erst bei viel höheren Temperaturen (>1700 °C) liegen As_2-Moleküle vor.

Arsen kommt wie Phosphor in verschiedenen allotropen Modifikationen vor (Abb. 5.3).

Graues Arsen Graues Arsen ist die stabilste Modifikation des Elements. Sie hat die bereits ziemlich hohe Dichte von 5,72 g/cm^3 und bildet stahlgraue, glänzende Kristalle, die den elektrischen Strom leiten. Im Kristallgitter liegen gewellte, in der Sesselkonformation vorliegende As_6-Ringe vor, die, von der Seite betrachtet, wie zwei dicht übereinanderliegende, aus Arsenatomen bestehende Doppelschichten aussehen. Der Gitteraufbau ist relativ starr, daher ist Arsen, wie auch die zu ihm homologen Elemente Antimon und Bismut, spröde.

Gelbes Arsen Kühlt man dampfförmiges Arsen, in dem tetraedrisch ausgerichtete As_4-Moleküle vorliegen (eine zum gelben Phosphor sehr ähnliche Struktur), schnell ab, so bildet sich metastabiles gelbes Arsen, das ein verhältnismäßig

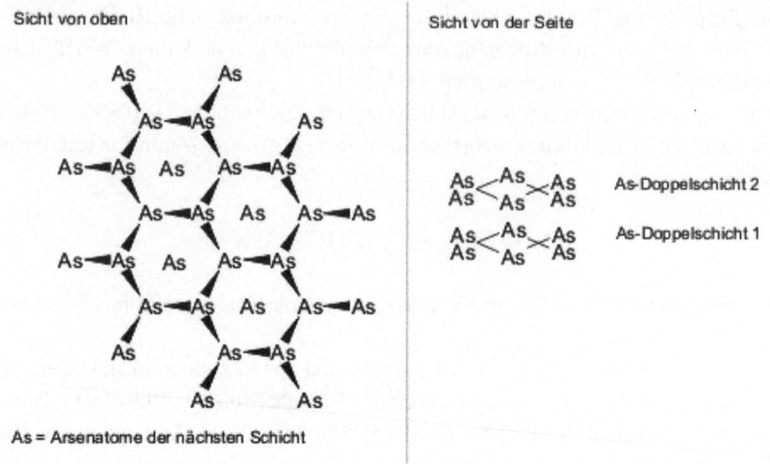

Abb. 5.3 Schichtstruktur des grauen Arsens. (Thiesi 2004)

geringes spezifisches Gewicht besitzt ($1{,}97$ g/cm^3). Gelbes Arsen ähnelt sehr dem niedrigen Homologen, dem weißen Phosphor, ist ein *Nichtmetall* und besitzt somit auch keine elektrische Leitfähigkeit. Es löst sich wie weißer Phosphor in *Schwefelkohlenstoff* und kann aus diesem in Form knoblauchähnlich riechender Kristalle isoliert werden. Schon bei Raumtemperatur wandelt sich gelbes schnell in graues Arsen um; dieser Vorgang wird durch Lichteinwirkung noch beschleunigt.

Schwarzes Arsen Diese Modifikation kommt in zwei verschiedenen Formen vor, einer amorphen, glasartigen (dem roten Phosphor vergleichbar) und einer metastabilen orthorhombisch kristallisierenden, die strukturell mit dem schwarzen Phosphor vergleichbar ist.

Ersteres erhält man durch Abkühlung dampfförmigen Arsens an Oberflächen, die auf Temperaturen von $> 100\,°C$ erhitzt sind. Es besitzt eine Dichte von ca. $4{,}9$ g/cm^3 und geht oberhalb einer Temperatur von $270\,°C$ in die graue Modifikation über. Das orthorhombische schwarze Arsen entsteht aus dem amorphen, wenn jenes zusammen mit Quecksilber auf $170\,°C$ erhitzt wird.

Braunes Arsen Werden Arsenverbindungen in wässriger Lösung reduziert, bilden sich braune Mischpolymere, deren Moleküle teils Hydroxylgruppen tragen (Holleman 1995, S. 796).

Chemische Eigenschaften Arsen nimmt in seinen Verbindungen Oxidationsstufen zwischen -3 und $+5$ ein, wobei es in Verbindungen mit Sauerstoff, Schwefel und

Chlor immer der elektropositivere Partner ist und dann entsprechend mit positiver Oxidationszahl auftritt.

Mit Sauerstoff und Halogenen reagiert es heftig; so verbennt es nach Erhitzen und/oder im feinverteilten Zustand an der Luft zu weißem Arsen-III-oxid (Arsenik):

$$2As + 3O_2 \rightarrow 2As_2O_3$$

Mit Chlor reagiert es schon bei Raumtemperatur spontan zu einem Gemisch von Arsen-III- und Arsen-V-chlorid ($AsCl_3$, $AsCl_5$). Ähnliches gilt selbstverständlich für die Reaktion mit elementarem Fluor, nur geht die Reaktion dann bevorzugt zum AsF_5.

Konzentrierte Salpetersäure oder Königswasser überführen Arsen direkt in seine höchste Oxidationsstufe $+5$ (Arsensäure, H_3AsO_4), verdünnte Salpeter- oder Schwefelsäure in Arsenige Säure (H_3AsO_3), in der es mit der Oxidationszahl $+3$ vorliegt.

Arsen löst sich auch in konzentrierter Natronlauge unter Bildung von Natriumarsenit:

$$2As + 6NaOH \rightarrow 2Na_3AsO_3 + 3H_2$$

Dies zeigt den zumindest für Arsen-III schon schwach amphoteren Charakter.

Verbindungen mit Wasserstoff Arsane (Arsenwasserstoffe) ordnet man, ähnlich wie die Phosphane oder die gesättigten aliphatischen Kohlenwasserstoffe (Alkane), in eine homologe Reihe, hier mit der allgemeinen Summenformel As_nH_{n+2}, ein. Es sind zur Zeit nur drei von ihnen bekannt [Monoarsan (Arsenwasserstoff, AsH_3), Diarsan (As_2H_4) und Triarsan (As_3H_5)]; diese Verbindungen sind noch instabiler als die bereits wenig beständigen Phosphane.

Das wichtigste Arsan ist Monoarsan, ein extrem giftiges, farbloses, leicht nach Knoblauch riechendes Gas, das bei der Auflösung von salzartigen Arseniden in Wasser und verdünnten Säuren entsteht. Es kondensiert bei $-62{,}5\,°C$ und wird bei $-117\,°C$ fest. Verbrennt man Monoarsan oder leitet das erhitzte Gas auf eine gekühlte Porzellanschale, so bildet sich auf dieser ein metallisch glänzender, schwarzer Arsenspiegel, was zum Nachweis von Arsen dient (Marsh'sche Probe). Man setzt Monoarsan zur Herstellung dotierter Siliciumhalbleiter in großen Mengen ein.

Verbindungen mit Halogenen Arsen bildet mit Halogenen im wesentlichen Verbindungen der Typen AsX_3 und AsX_5 (X steht für das jeweilige Halogen).

Arsen-III-fluorid (AsF_3) wird beispielsweise durch Reaktion wasserfreien Fluorwasserstoffs mit Arsen-III-oxid bei Temperaturen um $140\,°C$ hergestellt. Die farblose, an der Luft rauchende und schon bei einer Temperatur von $58\,°C$ siedende

Flüssigkeit verwendet man zur Ionenimplantation in Halbleitern. Arsen-V-fluorid (AsF_5) erhält man durch Fluorierung von Arsen-III-fluorid oder mittels durchgehender Fluorierung elementaren Arsens als farbloses, hydrolyseempfindliches Gas vom Siedepunkt $-53\,°C$; es kann in wasserfreiem Medium noch ein Fluoridion anlagern und das Hexafluoroarsenat-V-ion (AsF_6^-) bilden.

Arsen-III-chlorid ($AsCl_3$) ist eine farblose, ölige, an der Luft rauchende Flüssigkeit vom Siedepunkt $130\,°C$, die man durch Chlorierung von Arsen oder durch Umsetzung von Arsen-III-oxid (As_2O_3) mit wasserfreiem Chlorwasserstoff bei Temperaturen um $200\,°C$ erhält. Mit Wasser, mehr noch Basen und auch Oxidationsmitteln reagiert es heftig. Man setzt es zum Beizen und Brünieren von Metalloberflächen ein.

Arsen-III-bromid ($AsBr_3$) ist ein weißer bis hellgelber, stark hygroskopischer und mit Wasser zersetzlicher Feststoff vom Schmelzpunkt $31\,°C$ und Siedepunkt $221\,°C$, der in der Homöopathie verwendet wird. Man stellt die Verbindung durch Reaktion der Elemente Arsen und Brom dar oder durch Reaktion von Arsen-III-oxid mit Brom in Gegenwart von Schwefel:

$$2\,As_2O_3 + 6\,Br_2 + 3\,S \rightarrow 4\,AsBr_3 + 3\,SO_2$$

Arsentriiodid (AsI_3) gewinnt man durch Reaktion von Arsen-III-chlorid mit Kaliumiodid oder direkt aus den Elementen Arsen und Iod. Es ist ein rot-oranger Feststoff, der bei einer Temperatur von $142\,°C$ schmilzt; die Flüssigkeit siedet schließlich bei $403\,°C$. Früher diente es zur Behandlung von Hautkrankheiten bei Katzen.

Verbindungen mit Sauerstoff Die wichtigste Sauerstoffverbindung ist das weiße Arsen-III-oxid (Arsenik, As_2O_3), das amphoter reagiert; ein Hinweis auf die Halbmetalleigenschaften von Arsen. Es schmilzt bei $312\,°C$, siedet bei $465\,°C$ und war bis in das 19. Jahrhundert hinein das verbreitetste Mordgift, denn seine tödliche Menge beträgt bei oraler Verabreichung nur ca. $0{,}1$ g (LD_{50}: $1{,}4$ mg/kg Körpergewicht). Zudem wirkt es krebserregend. Arsen-III-oxid ist Bestandteil in Rattengift und Insektiziden, aber man setzt es auch zur Konservierung von Fellen und Häuten ein oder bei der Herstellung von Glas zum Entfärben der Schmelze.

Seit vielen Jahrhunderten verwendet man Arsen-III-oxid als Mittel bei Blutkrankheiten und Syphilis, heute auch noch in der Homöopathie. In Europa findet es darüber hinaus Anwendung zur Therapie bestimmter Formen der Leukämie.

Die Arsensäure (H_3AsO_4) und ihre Salze, die Arsenate, ähneln in chemischer Hinsicht sehr der Phosphorsäure und den Phosphaten, die Arsenige Säure entsprechend stark ($H_3A_sO_3$, „hydratisiertes Arsen-III-oxid") der Phosphorige Säure. Während Arsensäure eine mittelstarke Säure ist, reagiert Arsenige Säure schon nahezu amphoter.

Verbindungen mit Schwefel Zwei Arsensulfide kommen als Mineralien in der Natur vor, die beiden oben schon erwähnten Arsenmonosulfid (Realgar, As_4S_4) und Arsen-III-sulfid (Auripigment, As_2S_3). Sie sind beide, vor allem bei erhöhter Temperatur, empfindlich gegenüber Oxidation und Hydrolyse.

Verbindungen mit Metallen Mit Metallen der dritten Hauptgruppe bildet Arsen wichtige Verbindungs-Halbleiter, Galliumarsenid (GaAs), Indiumarsenid (InAs) und Aluminiumgalliumarsenid (AlGaAs). Mit Mangan dotiertes Galliumarsenid zeigt semimagnetische Eigenschaften (Curietemperatur zwischen 100 und 200 K).

Organische Verbindungen Wie Stickstoff und Phosphor bildet auch Arsen organische Verbindungen (Arsine), in denen ein oder mehrere Arsenatome mit der jeweiligen Anzahl von Alkylgruppen verbunden ist. Ebenso kennt man Homocyclen, in denen Arsenatome einen Fünf- oder Sechsring ausbilden und dabei jeweils noch eine Methylgruppe tragen, z. B. Pentamethylcyclopentaarsen $(AsCH_3)_5$. Polyarsine wiederum sind langkettige, doppelsträngige Polymere aus Arsenatomen, bei denen jedes Arsenatom noch mit einer Methylgruppe verbunden ist. Sie haben die chemische Formel $(AsCH_3)_{2n}$ ($n \geq 100$) und sindhalbleitend.

Anwendungen Arsen mit einer Reinheit von $\geq 99,9999\,\%$ wird zur Herstellung von Halbleitern aus Galliumarsenid verwendet. sowie für mittels Epitaxie erzeugten, sehr dünnen Schichten auf Wafern. Diese bestehen aus Indium- und Galliumarsenidphosphid und werden zur Produktion integrierter Schaltkreise, Leucht- und Laserdioden benötigt.

Einige Arsenverbindungen setzt man immer noch als Schädlingsbekämpfungsmittel, Rattengift und Fungizid ein. Bleilegierungen wird es zugesetzt, um deren Festigkeit zu erhöhen, was besonders für die in Akkumulatoren eingebauten Bleiplatten Anwendung findet.

Arsen in der Medizin In der Antike benutzte man arsenhaltige Mineralien als Heilmittel gegen viele Krankheiten. Die vor ca. 250 Jahren erfundene Fowler'sche Lösung, eine Mischung aus Lavendelwasser und Kaliumarsenit, wurde lange als fiebersenkendes Mittel verabreicht. In Deutschland war Kaliumarsenit sogar noch bis in die 1960er Jahre als Mittel gegen Psoriasis (Schuppenflechte) in Verwendung (Gibaud 2010). Bis in die 1970er Jahre tötete man mit Arsen-III-oxid das Zahnmark ab, jedoch traten dermaßen viele Vergiftungsfälle mit entsprechenden Nebenwirkungen auf, dass es für diesen Einsatzzweck verboten wurde (Hülsmann 1996).

Das bereits in den 1950er Jahren entwickelte Melarsoprol ist auch heute noch das wirksamste Mittel zur Behandlung von Malaria. Sehr bekannt war Arsphenamin (Salvarsan®), schon 1910 gegen die Syphilis entwickelt; es wurde lange auch zur Therapie der Dysenterie eingesetzt (Gibaud 2010). Trisenox, auf Basis von Arsen-III-oxid, erhielt noch im Jahre 2000 die Zulassung zur Behandlung der promyelozytären Leukämie (APL) in den USA, zwei Jahre später auch in Europa.

Ursache der Toxizität Die Bedeutung des Arsens für den menschlichen Körper ist noch nicht vollständig geklärt. Es kommt als Spurenelement darin vor, aber nur Tiere zeigen Mangelerscheinungen, falls Spuren von Arsen in ihrer Nahrung fehlen. So zeigen Hühner und Ratten Wachstumsstörungen. Arsen ruft eine verstärkte Bildung roter Blutkörperchen hervor, weshalb es zeitweise -trotz der leichten Nachweisbarkeit- sogar zum Doping von Rennpferden eingesetzt wurde.

Algen, Muscheln und Garnelen enthalten relativ hohe Konzentrationen an Arsen. Die in ihnen enthaltenen Verbindungen Dimethylarsinsäure, Trimethylarsenoxid, Trimethylarsin sowie Arsenobetain werden vom menschlichen Körper aber innerhalb weniger Tage nahezu unverändert ausgeschieden.

Für den Menschen ist die Aufnahme von Kleinstmengen (ca. 1 mg) ohne Folgen. Regelmäßiger Verzehr kleiner Mengen von Arsentrioxid galt früher als leistungsfördernd; diese Menschen wurden Arsenikesser genannt.

Zur Dekontamination schwermetallbelasteter Böden setzt man Pflanzen wie Indischen Senf oder Gebänderten Saumfarn ein. Letzterer nimmt bis zu 5 % seines Trockengewichts an Arsen auf und kann daher den Boden, auf den er gepflanzt ist, langsam entgiften.

Die Verbindungen des Arsen-III sind deshalb hochgiftig für den Menschen, weil sie verschiedene Stoffwechselprozesse stören, beispielsweise die Reparatur der DNA, den zellulären Energiestoffwechsel und rezeptorvermittelte Transportvorgänge. Ursache ist wahrscheinlich, dass sie das von seinem Radius her sehr ähnliche Zinkion (Zn^{2+}) aus seinen Komplexen mit schwefelhaltigen Eiweißen (Tumor-Repressor-Protein) verdrängen, ohne aber dessen Funktion wahrnehmen zu können. Bei chronischer Vergiftung ersetzen Arsen- die Phosphoratome des Adenosin-Triphosphats (ATP), ebenfalls ohne die Funktion der Phosphoratome weiter ausüben zu können, womit die Atmungskette unterbrochen wird.

Eine akute Arsenvergiftung zeigt sich in Krämpfen, Übelkeit und Erbrechen, inneren Blutungen, Durchfall und Koliken, bis hin zu Nieren- und Kreislaufversagen. Koma und anschließender Tod können die Folge sein. Für Menschen beträgt die tödliche Dosis (LD_{50}) an Arsen-III-oxid, wie oben bereits erwähnt, 1,4 mg/kg Körpergewicht.

Das chronische Krankheitsbild umfasst Hautkrankheiten, Schädigung der Blutgefäße, Absterben der Extremitäten (Black Foot Disease) und das Auftreten bösartiger Tumore (Fritsch et al. 2010). Arsen blockiert die Sulfhydryl-Gruppen (HS-) von Enzymen und bewirkt so eine Minderproduktion von Hämoglobin.

Metallisches Arsen wird vom Körper dagegen kaum aufgenommen und ist daher relativ ungiftig (LD_{50} (Ratte, oral): 763 mg/kg). Auch dieses sollte man aber sehr vorsichtig handhaben, da es sich an der Luft leicht mit einer dünnen Schicht seines hochgiftigen Oxids (As_2O_3) überzieht.

5.4 Antimon

Symbol	Sb		
Ordnungszahl	51		
CAS-Nr.	7440-36-0		
Aussehen	Silbergrau, metallisch glänzend	Antimon (Metallium, Inc. 2015)	Antimon (Sicius 2015)
Entdecker, Jahr	Babylonien, China (2. Jahrtausend v. Chr.)		
Wichtige Isotope [natürliches Vorkommen (%)]	Halbwertszeit (a)	Zerfallsart, -produkt	
$^{121}_{51}$Sb (57,36)	Stabil	----	
$^{123}_{51}$Sb (42,64)	Stabil	----	
Massenanteil in der Erdhülle (ppm)	0,65		
Atommasse (u)	121,76		
Elektronegativität (Pauling ♦ Allred&Rochow ♦ Mulliken)	2,05 ♦ K. A. ♦ K. A.		
Normalpotential für: $Sb^{3+}+3e^->Sb$ (V)	0,15		
Atomradius (pm)	145		
Van der Waals-Radius (berechnet, pm)	206		
Kovalenter Radius (pm)	139		
Elektronenkonfiguration	[Kr] $4d^{10}5s^2\,5p^3$		
Ionisierungsenergie (kJ/mol), erste ♦ zweite ♦ dritte	834 ♦ 1595 ♦ 2440		
Magnetische Volumensuszeptibilität	$-6,8*10^{-5}$		
Magnetismus	Diamagnetisch		
Kristallsystem	Trigonal		
Elektrische Leitfähigkeit([A/(V * m)], bei 300 K)	$2,5*10^6$		

Elastizitäts- ♦ Kompressions- ♦ Schermodul (GPa)	55 ♦ 42 ♦ 20
Vickers-Härte ♦ Brinell-Härte (MPa)	-- ♦ 294
Schallgeschwindigkeit (m/s, bei 293,15 K)	3420
Dichte (g/cm³, bei 273,15 K)	6,697
Molares Volumen (m³/mol, im festen Zustand)	$18,19 \cdot 10^{-6}$
Wärmeleitfähigkeit ([W/(m*K)])	24
Spezifische Wärme ([J/(mol*K)])	25,23
Schmelzpunkt (°C ♦ K)	630,63 ♦ 903,78
Schmelzwärme (kJ/mol)	19,8
Siedepunkt (°C ♦ K)	1635 ♦ 1908
Verdampfungswärme (kJ/mol)	193

Vorkommen Antimon kommt auf der Erde selten, sowohl elementar als auch in Form seiner Verbindungen vor. Immerhin kennt man ca. 300 Fundorte weltweit. Gediegenes, also metallisches Antimon findet man z. B. in den deutschen Mittelgebirgen (Schwarzwald, Fichtelgebirge, Harz, Odenwald), in Österreich, in Tschechien, in Bolivien (Potosí, La Paz), in Australien, in Brasilien (Bundesstaat Minas Gerais), in vielen Gebieten der USA, Skandinaviens und Russlands. Eine der wichtigsten Lagerstätten für Antimon und seine Erze ist das Murchison-Gebirge im Nordosten Südafrikas (Ralph 2015).

Industriell verarbeitet wird meist Stibnit (Sb_2S_3, Grauspießglanz), der einen Antimongehalt von > 70 % besitzt. Den höchsten Antimonanteil unter den Mineralen weist eine Antimon-Arsen-Legierung (Paradocrasit mit max. 92 % Antimon), sie kommt aber weltweit nur an drei Fundorten vor. Stibnit ist mit ca. 2500 Lagerstätten viel häufiger (Ralph 2015). Weitere technisch verwertbare Antimonminrale sind Valentinit (Sb_2O_3, Weißspießglanz), Breithauptit NiSb (Antimonnickel), Kermesit (Sb_2S_2O, Rotspießglanz) und Sb_2S_5 (Goldschwefel).

Gewinnung Sieben Achtel der jährlichen Produktionsmenge in Höhe von etwa 150.000 t Antimon stammen aus China. Entweder röstet man Stibnit mit heißer Luft zum Oxid, das darauf mit Kohle zu flüssigem Antimon und Kohlenmonoxid umgesetzt wird:

$$Sb_2S_3 + 5\,O_2 \rightarrow Sb_2O_4 + 3\,SO_2$$

$$Sb_2O_4 + 4\,C \rightarrow 2\,Sb + 4\,CO$$

Oder aber man verwendet Eisen statt Kohle und reduziert damit Stibnit direkt zu Antimon, ohne eine Röstung zwischenzuschalten:

$$Sb_2S_3 + 3Fe \rightarrow 2Sb + 3Fes$$

Physikalische Eigenschaften Die metallische, graue, trigonal kristallisierende Modifikation ist die stabilste. Wird Antimondampf an kalten Flächen kondensiert, entsteht amorphes, schwarzes Antimon, das sehr reaktionsfähig, elektrisch nichtleitend und durch Erhitzen leicht wieder in die graue Modifikation überführbar ist. Werden schließlich Antimon-III-salze elektrolysiert, entsteht pulveriges, explosives Antimon, das bereits bei leichter mechanischer Beanspruchung funkensprühend in metallisches Antimon übergeht.

Metallisches Antimon hat silberweißen Glanz und lässt sich wegen seiner Sprödigkeit leicht spalten und zerkleinern. Seine elektrischen und thermischen Leitfähigkeiten sind schwach.

Chemische Eigenschaften Luft und Wasser greifen Antimon unter Standardbedingungen nicht an, jedoch löst es sich in heißen, konzentrierten Mineralsäuren (Salpetersäure) auf. Mit Halogenen wie Fluor, Chlor und Brom reagiert es schon bei Raumtemperatur heftig zu Antimon-III- und -V-halogeniden. Beim Erhitzen an der Luft, namentlich in geschmolzenem Zustand, verbrennt es mit bläulich-weißer Flamme zu Antimon-III-oxid. Naszierender Wasserstoff kann Antimon-III-verbindungen bis hin zum -allerdings sehr instabilen- Antimonwasserstoff (SbH_3) reduzieren, von dem sich einige wenige Antimonide ableiten (z. B. K_3Sb).

Verbindungen Antimon tritt in seinen Verbindungen nur selten mit der Oxidationszahl -3 auf, eindeutig bevorzugt ist $+3$. Seltener tritt es in der höchstmöglichen Oxidationszahl $+5$ auf. Dieser Trend zur stabilsten Oxidationszahl, die um zwei unter der Höchstzahl der verfügbaren Valenzelektronen liegt, zeigt den in dieser Gruppe verlaufenden Wandel vom Nichtmetall Stickstoff zum Metall Bismut, er ist analog auch in den benachbarten Hauptgruppen H3 (Erdmetalle, Borgruppe), H 4 (Kohlenstoffgruppe), H 6 (Chalkogene) und H 7 (Halogene) festzustellen.

Verbindungen mit Wasserstoff Der bereits oben erwähnte Antimonwasserstoff (SbH_3, Monostiban) ist ein übelriechendes, giftiges, endothermes und sehr zersetzliches Gas vom Kondensationspunkt $-17\,°C$. Die flüssige Verbindung erstarrt bei $-88{,}5\,°C$. Man stellt es zum Beispiel aus löslichen Antimonverbindungen und naszierendem Wasserstoff oder aber durch Auflösen von Antimoniden (Magnesiumantimonid, Mg_3Sb_2) in Säuren her. Es zersetzt sich bei Raumtemperatur

langsam, in der Wärme schnell. Man verwendet es gelegentlich in der Halbleiterindustrie zur n-Dotierung von Silicium. Auch Monostiban kann wie Monoarsan zum Nachweis des Elementes mittels der Marsh'schen Probe herangezogen
werden; auch hier bildet sich auf kalten Oberflächen ein metallisch glänzender
Spiegel aus Antimon. Der Antimonspiegel unterscheidet sich von dem des Arsens
durch seine dunklere Farbe; zudem ist er in Natriumhypochloritlösung unlöslich
und färbt sich mit Polysulfidlösung orange.

Verbindungen mit Halogenen Antimon-III-fluorid (SbF_3) bildet farblose bis gräu-
liche Kristalle mit stechendem Geruch, die bei 292 °C schmelzen. Das mäßig
starke Fluorierungsmittel ist durch Reaktion von wasserfreiem Fluorwasserstoff
mit Antimon-III-oxid herstellbar

$$Sb_2O_3 + 3H_2F_2 \rightarrow 2SbF_3 + 3H_2O$$

Wie alle Antimonverbindungen ist auch Antimon-III-fluorid giftig, schädigt Haut
und Schleimhäute und kann nach dem Einatmen auch zur Bildung von Lungenöde-
men führen.

Antimon-V-fluorid (SbF_5) stellt man durch Fluorieren von Antimon-III-fluorid
her. Es ist eine farblose, schwere, ölige und sehr hydrolyseempfindliche Flüssigkeit von stechendem Geruch, die bei 7 °C erstarrt und bei 149,5 °C siedet. Dieses
sehr kräftige Fluorierungsmittel, das auch Glas angreift, verstärkt die Oxidations-
wirkung elementaren Fluors noch, so dass jenes Sauerstoff zu Oxygenylkationen
oxidieren kann (Shamir und Binenboym 1973):

$$2\,SbF_5 + F_2 + 2O_2 \rightarrow 2\,[O_2]\,(SbF_6)$$

Antimon-V-fluorid (SbF_5) ist eine sehr starke Lewis-Säure; seine als „Magic Acid"
bekannte Mischung mit der starken Brønsted-Säure Fluorsulfonsäure (Gehalt an
Antimon-V-fluorid: 25 mol-%) besitzt einen Hammett-Aciditätskoeffizienten H_0
von −21,5 (!). Diese Mischung ist die stärkste bisher bekannte Supersäure und ist,
um einen Vergleich mit wässrigen Systemen anzustellen, ca. 10^{10} mal saurer als
konzentrierte Schwefelsäure (!).

Antimon-III-chlorid ($SbCl_3$) erhält man durch Reaktion von Antimon mit Chlor
oder von Antimon bzw. Antimon-III-oxid mit konzentrierter Salzsäure:

$$Sb_2O_3 + 6HCl \rightarrow 2SbCl_3 + 3H_2O$$

Antimon-III-chlorid zersetzt sich mit Wasser schnell und bildet an der Luft zerfließliche Kristalle, die bei 73 °C schmelzen. Es ist giftig und krebserregend, wird aber im Carr-Price-Test zum quantitativen Nachweis von Vitamin A und verwandten Carotinoiden eingesetzt.

Antimon-III-bromid ($SbBr_3$) liegt bei Raumtemperatur als weißer Feststoff vor, der aus den Elementen synthetisiert werden kann. Die Verbindung schmilzt bei 97 °C, siedet bei 280 °C und zersetzt sich wie seine Homologen in Wasser unter Bildung von Antimon-III-hydroxid.

Verbindungen mit Chalkogenen Antimon-III-oxid entsteht durch Rösten von Antimontrisulfid an der Luft oder durch Verbrennen metallischen Antimons. Die weiße, praktisch wasserunlösliche Verbindung schmilzt bei 655 °C und siedet bei 1425 °C. Antimon-III-oxid löst sich in starken Säuren bzw. Laugen und wird als Pigment, in der Galvanik zum Brünieren anderer Metalle und als Katalysator in der Synthese von Polyethylenterephthalat (PET) eingesetzt.

Antimon-III-sulfid ist ein dunkelgrauer, kristalliner oder orangeroter, amorpher Feststoff. Die Substanz ist geruchlos und nahezu unlöslich in Wasser. Die orangerote Modifikation geht beim Erhitzen unter Luftabschluss ab 270 °C in die stabilere graue Version über. An Luft erfolgt eine „Röstung" zu Antimon-III-oxid schon ab Temperaturen von 300 °C. In kochendem Wasser oder bei Kontakt mit Wasserdampf zersetzt es sich langsam unter Bildung von Schwefelwasserstoff (Rich 2007).

Antimon-V-sulfid (Goldschwefel) ist ein orangerotes, geruch- und geschmackloses Pulver. Es ist in Wasser und Ethanol unlöslich, wohl aber in Kalilauge (unter Zersetzung) und Ammoniumsulfidlösungen. In konzentrierter Salzsäure löst es sich unter Abscheidung von Schwefel und Entwicklung von Schwefelwasserstoff als Antimon-III-chlorid.

Antimon-III-sulfat erzeugt man durch Auflösen von **Antimon-III-oxid** in heißer, konzentrierter **Schwefelsäure**. In schwach basischen Lösungsmitteln wie Sodawasser (wässrige Lösung von Natriumcarbonat) hydrolysiert es aber wieder zu Antimon-III-oxid bzw. –hydroxid.

Sonstige Verbindungen Aluminiumantimonid (AlSb) schmilzt bei 1050 °C und ist ein III-V-Verbindungshalbleiter. Es kann in der Herstellung von Solarzellen eingesetzt und für diesen Zweck auch mit anderen Halbleitern derselben Kategorie dotiert werden. Eine Abstufung der jeweiligen Mengenanteile an Aluminium, Antimon und ggf. Arsen, Gallium und Indium erlaubt es, die Bandlücke und damit die elektrische Leitfähigkeit des Halbleiters an die spektrale Verteilung der Wellenlängen des Sonnenlichts und dessen Energieverteilung bestmöglich anzupassen.

Anwendungen Meist wird Antimon in Form von Legierungen eingesetzt. Geschmolzenes Antimon hat, anders als die meisten anderen Metalle, eine höhere Dichte als im Feststoff. Daher setzt man Legierungen Antimon zu, damit sie sich beim Erstarren ausdehnen. In Gießformen verläuft die erstarrende antimonhaltige Legierung daher in alle Ecken und Winkel, was einen einwandfreien, schrumpf-freien Präzisionsguss ermöglicht.

Blei und Zinn verleiht es in vielen Legierungen größere Härte, so z. B. in Hart-blei, Letternmetall, Akkumulatoren-Blei und Bleimänteln für Erdkabel (Blei) oder auch Britanniametall, Lagermetall und Zinngeschirr (Zinn).

Die Gruppe der bereits genannten III-V-Verbindungshalbleiter, also Legierun-gen mit Gallium, Indium, Aluminium und ggf. Drittmetallen sind sehr wichtig für die Halbleiterindustrie.

Antimon-III-sulfid ist ein Halbleiter mit hoher Lichtempfindlichkeit, der in Fernsehkameras und verschiedenen optoelektronischen Geräten eingesetzt wurde (Cheng und Samulski 2003). Antimon-V-sulfid dient als Vulkanisierungsmittel für bestimmte Gummimischungen (Beispiel: rote Schläuche in chemischen Labors) und als Bestandteil des Zündkopfes in Streichhölzern.

Für Antimonoxid (Sb_2O_3) bestehen besonders viele Einsatzgebiete. Unter an-derem ist es der Katalysator zur Herstellung von Polyester und PET, ein Weißpig-ment zur Färbung sowohl von Polystyrol, Polyethylen und Polypropylen als auch keramischer Massen (weiße Glasuren und Fritten), Läuterungsmittel für Bleiglas, Absorptionsmittel für die für die Markierung von Kunststoffen verwendeten La-serstrahlen und ein starker Infrarot-Absorber in Tarnfarben.

Toxizität Hinsichtlich seiner Giftigkeit steht Antimon dem hierfür viel bekannte-ren Arsen nicht nach. Bei Verschlucken können schon Mengen von 0,2 g tödlich wirken. Die Verbindungen des Antimons in dessen Oxidationszahl +3 sind am gif-tigsten. Jenes geht bereits kurz nach der Einnahme in die roten Blutkörperchen über und lagert sich in stark durchbluteten Organen an, wo es auch die schwers-ten Schäden verursacht. Die Ursache der Giftwirkung dürfte wie beim Arsen in einer Inhibierung bzw. Reduktion des intrazellulären Energieträgers Adenosintri-phosphat (ATP) sein, weil Antimon die Sulfhydryl-Gruppen lebensnotwendiger Enzyme blockiert. Gegenmaßnahmen sind Infusionen und Gaben von Aktivkohle, N-Acetylcystein und eines antimon-selektiven Komplexbildners, Dimercaprol (Ram und Nath 1996; Konstantonopoulos et al. 2012; Hansen et al. 2010)

5.5 Bismut

Symbol	Bi		
Ordnungszahl	83		
CAS-Nr.	7440-69-9		
Aussehen	Rötlich-silbrig glänzend	Bismut, Einkristall (Sicius 2015)	Bismut, Pulver (Sicius 2015)
Entdecker, Jahr	Geoffroy (Frankreich), 1753		
Wichtige Isotope [natürliches Vorkommen (%)]	Halbwertszeit	Zerfallsart, -produkt	
$^{209}_{83}$Bi (100)	$1,9 * 10^{19}$ a	$\alpha > {}^{205}_{81}$Tl	
Massenanteil in der Erdhülle (ppm)	0,2		
Atommasse (u)	208,98		
Elektronegativität (Pauling ♦ Allred&Rochow ♦ Mulliken)	1,9 ♦ 1,7 ♦ K. A.		
Normalpotential für: $Bi^{3+} + 3e^- > Bi$ (V)	0,317		
Atomradius (pm)	160		
Van der Waals-Radius (berechnet, pm)	207		
Kovalenter Radius (pm)	148		
Ionenradius (Bi^{5+}, pm)	74		
Elektronenkonfiguration	[Xe] $4f^{14} 5d^{10} 6s^2 6p^3$		
Ionisierungsenergie (kJ/mol), erste ♦ zweite ♦ dritte	703 ♦ 1610 ♦ 2466		
Magnetische Volumensuszeptibilität	$-1,7 * 10^{-4}$		
Magnetismus	Diamagnetisch		
Kristallsystem	Rhomboedrisch		
Elektrische Leitfähigkeit([A/(V * m)], bei 300 K)	$7,7 * 10^5$		
Elastizitäts- ♦ Kompressions- ♦ Schermodul (GPa)	32 ♦ 31 ♦ 12		
Vickers-Härte ♦ Brinell-Härte (MPa)	-- ♦ 70–95		
Schallgeschwindigkeit (m/s, bei 293,15 K)	1790		
Dichte (g/cm³, bei 273,15 K)	9,78		
Molares Volumen (m³/mol, im festen Zustand)	$21,31 \cdot 10^{-6}$		
Wärmeleitfähigkeit ([W/(m * K)])	8		

Spezifische Wärme ([J/(mol*K)])	25,52
Schmelzpunkt (°C ♦ K)	271,3 ♦ 544,4
Schmelzwärme (kJ/mol)	10,9
Siedepunkt (°C ♦ K)	1560 ♦ 1833
Verdampfungswärme (kJ/mol)	179

Vorkommen Bismut kommt oft gediegen, also elementar, in der Natur vor, wobei es oft mit Kupfer-, Nickel-, Silber und Zinnerzen vergesellschaftet ist (Anthony et al. 2001). Die Fundorte liegen dabei über die ganze Welt verteilt.

Manchmal tritt es auch als Doppelsulfid mit einem weiteren Metallkation auf, wie z. B. im Galenobismutit ($PbBi_2S_4$), Lillianit ($Pb_3Bi_2S_6$), Silber-Bismutglanz ($AgBiS_2$), Kupfer-Bismutglanz ($CuBiS_2$) und der Kupfer-Bismutblende ($Cu_6Bi_2S_6$). Insgesamt kennt man ca. 220 Minerale.

Vor einigen Jahren (2006) lag die Menge abgebauten Erzes bei weltweit ca. 5500 t/a, die der weiter verarbeiteten Bismutverbindungen bei rund 12.000 t/a. Die wichtigsten Förderländer sind China, von wo ca. 60 % des Bismuts stammen, daneben noch Mexiko (20 %) und Peru (15 %). Die drei genannten Länder speilen auch die Hauptrolle als Standort zur Weiterverarbeitung, jedoch sind hier auch noch Belgien, Japan und Kanada wichtig.

Gewinnung Oxidische oder sulfidische Erze des Bismuts werden, ähnlich wie es beim Antimon der Fall ist, in Flammöfen mit Kohle oder Eisen zu Bismut reduziert. Zur Gewinnung von Bismut kann man von oxidischen oder sulfidischen Erzen ausgehen, beispielsweise:

$$2Bi_2O_3 + 3C \rightarrow 3CO_2 + 4Bi$$

$$Bi_2S_3 + 3Fe \rightarrow 3FeS + 2Bi$$

Das oxidierende Schmelzen des bei den oben genannten Verfahren gewonnenen rohen Bismuts befreit es von einigen Verunreinigungen (Antimon, Arsen, Blei, Eisen und Schwefel). Zusammenschmelzen mit Natriumsulfid entfernt Kupfer, eine Extraktion des geschmolzenen Bismuts mit flüssigem Zinn beseitigt auch Gold und Silber.

Eigenschaften Bismut ist ein silberweißes bis rosafarbenes, sprödes Metall. Seine Kristallstruktur ist rhomboedrisch mit dicht gepackten Doppelschichten, entlang derer das Metall gut spaltbar ist. Bei Drücken oberhalb von 9 GPa bildet sich ein kubisch-raumzentriertes Gitter.

Bismut ist ein Reinelement, da es nur in Form des extrem langlebigen, aber radioaktiven Isotops $^{209}_{83}$Bi natürlich vorkommt. Somit eröffnet Bismut die mittlerweile lange Reihe radioaktiver Elemente, die sich an Blei hinauf zu höheren Ordnungszahlen anschließt.

Es unterscheidet sich von seinen linken Nachbarn im Periodensystem, Blei und Thallium, nicht hinsichtlich seines ebenfalls bei ca. 300 °C liegenden Schmelzpunktes, sondern aufgrund seiner Sprödigkeit, seiner relativ schlechten elektrischen Leitfähigkeit und seines starken Hall-Effektes, die Bismut immer noch einige typische Halbmetalleigenschaften zuweisen. Bismutverbindungen sind demgegenüber auch nicht so hochtoxisch wie die des Bleis, Thalliums und auch derjenigen seiner niedrigeren Homologen Antimon und Arsen, auch wenn sie immer noch eine gewisse Giftigkeit besitzen.

Flüssiges Bismut zeigt wie einige andere Halbmetalle (Antimon, Gallium, Germanium, Silicium) das Phänomen der Dichteanomalie beim Schmelzen, da Bismut im geschmolzenen Zustand eine höhere Dichte als im festen aufweist.

An trockener Luft ist es bei Raumtemperatur beständig. Bei Gegenwart von Feuchtigkeit bildet sich jedoch langsam eine Oxidschicht. Relativ stabil ist es gegen Wasser und nichtoxidierende Säuren (Salzsäure und verdünnte Schwefelsäure), nicht aber gegenüber oxidierenden (Salpetersäure oder heiße konzentrierte Schwefelsäure); diese lösen es unter Bildung von Bismut-III-salzen auf.

An der Luft erhitzt, verbrennt es zu Bismut-III-oxid (Bi_2O_3). Ebenso leicht verbindet es sich bei erhöhter Temperatur mit Halogenen und Chalkogenen, nicht aber mit seinen Homologen Stickstoff und Phosphor. Die eindeutig stabilste Oxidationszahl ist $+3$, Bismut-V-oxid (Bi_2O_5) ist ein äußerst starkes Oxidationsmittel, das sogar Mangan-II zu Permanganat oxidiert.

Verbindungen Da $+3$ die bevorzugte Oxidationszahl des Bismuts ist, reduziert sich bei ihm die Zahl der zu diskutierenden Verbindungen gegenüber seinen leichteren Homologen wie Arsen und namentlich Phosphor beträchtlich.

Verbindungen mit Wasserstoff Bismutwasserstoff (Bismutan, BiH_3) kann man nach Bürger at al. (2002) aus Methylbismutan herstellen

$$3H_3C\text{-}BiH_2 \rightarrow Bi(CH_3)_3 + 2BiH_3$$

Methylbismutan erzeugt man wiederum aus Methyldichlorbismutan

$$2H_3C\text{-}BiCl_2 + LiAlH_4 \rightarrow 2H_3C\text{-}BiH_2 + LiAlCl_4$$

Leitet man Bismutan durch ein erhitztes Glasrohr und anschließend auf eine gekühlte Oberfläche, so schlägt sich darauf ein metallisch glänzender Bismutspiegel
nieder, der in Ammoniumpolysulfidlösung unlöslich ist. Bismutan ist ein spezi-
fisch sehr schweres Gas (Dichte: 9,3 kg/m^3) mit einem extrapolierten Kondensationspunkt von ca. 17 °C, und es ist eine stark endotherme Verbindung, also sehr
zersetzlich.

Verbindungen mit Chalkogenen Bismut-III-oxid ist ein ockergelbes Pulver,
das löslich in Mineralsäuren ist. Man erzeugt es durch Verbrennen von Bismut an der Luft oder durch Erhitzen von Bismutnitrat auf eine Temperatur von
700 °C. Man setzt es als Chemikalie für Feuerwerkskörper ein, in Gläsern und in
Festoxidbrennstoffzellen.

Bismut-III-sulfid (Bi_2S_3) kommt natürlich (Bismuthinit) vor und wird durch
Einleiten von Schwefelwasserstoff in wässrige Lösungen von Bismutsalzen als un-
löslicher schwarzer Niederschlag ausgefällt. Bismuthinit dient als Ausgangsstoff
für die Herstellung von Bismut. Außerdem setzt man es unter anderem in Brems-
belägen und als Katalysator ein.

Verbindungen mit Halogenen Bismut-III-fluorid ist durch Umsetzung von Bismut-III-oxid mit Flusssäure zugänglich und ist ein weißer, geruchloser, relativ hochschmelzender (727 °C) Feststoff. Durch Fluorieren der Verbindung bei
Temperaturen oberhalb von 500 °C gewinnt man Bismut-V-fluorid, das ein sehr
feuchtigkeitsempfindlicher Feststoff mit einem Schmelzpunkt von 151 °C ist. Bismut-V-fluorid reagiert mit Wasser sehr heftig unter Bildung von Bismut-III-fluorid
und Ozon und ist sogar imstande, Paraffinöl oxidativ anzugreifen.

Bismut-III-chlorid entsteht durch Verbrennen von Bismut im Chlorstrom oder
durch Umsetzung von Bismut-III-oxid mit Salzsäure. Es zerfließt ähnlich Alumi-
niumchlorid an der Luft und ist eine starke Lewis-Säure. In Wasser löst es sich
unter Hydrolyse zu Chlorwasserstoff und Bismut-III-hydroxid bzw. Bismutoxidchlorid. Sein Schmelzpunkt liegt bei 231 °C, der Siedepunkt bei 447 °C.

Bismut-III-bromid ist ein hygroskopischer, gelboranger Feststoff vom Schmelzpunkt 218 °C, der bei Temperaturen um 250 °C durch Umsetzung von Bismut mit
Brom gewonnen wird. Es dient als Katalysator für die Synthese cyclischer organischer Carbonate.

Anwendungen Die meisten Anwendungen findet Bismut in Form seiner Legierungen. Eine unter dem Namen Bismanol vertriebene Bismut-Mangan-Legierung
diente früher als starker Permanentmagnet.

Als Alternative für das giftige Blei fungiert Bismut gelegentlich in metallischen Beschichtungen und Automatenstählen; nur die anschließende Entsorgung des Bismuts aus dem Stahlschrott ist problematisch. Einkristalle aus Bismut mit mindestens 20 cm Kantenlänge sowie auch polykristalline Bismut-Platten dienen als Neutronenfiilter für Materialuntersuchungen in Forschungsreaktoren. Bismuttellurid (Bi_2Te_3) ist Bestandteil von Legierungen, die in Peltier-Elementen und damit für die Erzeugung von Kälte gebraucht werden.

Bismut-Zinn-Legierungen verwendet man in der Elektronikindustrie als Lötmetall, jedoch sind dafür separate Lötgeräte notwendig. Eine tiefschmelzende Blei-Bismut-Legierung wurde in der früheren Sowjetunion als Kühlmittel für Kernreaktoren verwendet.

Bismutoxid setzt man zur Produktion optischer Gläser und auch als Sinterhilfsmittel in der technischen Keramik ein. Das Doppeloxid mit Germaniumoxid („Bismutgermanat") findet als Szintillationsdetektor bei der Positronen-Emissions-Tomographie (PET) Einsatz.

Bismutoxidchlorid (BiOCl) ist als Perlglanzpigment Bestandteil kosmetischer Formulierungen. Bismutvanadat dient als farbloses bis leicht grünliches, sehr wetterbeständiges Pigment für Außenanstriche, Lacke und Beschichtungen (Buxbaum und Pfaff 2005).

Bismutoxidnitrat (basisches Bismutnitrat) wirkt adstringierend und keimtötend, daher verwendet man es als Therapeutikum gegen Geschwüre des Magens und Zwölffingerdarms [Eradikationstherapie (Mutschler 2001; Malfertheiner 2011; Wehling 2005)].

Verbindungen des Bismuts setzt man darüber hinaus zur Behandlung von Durchfall sowie zur Behandlung schlechten Mundgeruchs ein. Schon vor mehr als 100 Jahren waren Bismutverbindungen Bestandteil von Wundpulvern (z. B. Dermatol), ebenso waren sie in Medikamenten gegen Syphilis enthalten (Hoffmann 1935). Mittlerweile sind aber moderne Medikamente im Einsatz, die auch geringere Nebenwirkung zeigen.

5.6 Ununpentium

Symbol	Uup		
Ordnungszahl	115		
CAS-Nr.	54085-64-2		
Aussehen	Unbekannt, wahrscheinlich metallisch		
Entdecker, Jahr	Vereinigtes Institut für Kernforschung (Russland) und Lawrence Livermore National Laboratory (USA), 2004 Paul Scherrer-Institut (Schweiz), 2006 Universität Lund (Schweden), 2013		
Wichtige Isotope [natürliches Vorkommen (%)]	Halbwertszeit	Zerfallsart, -produkt	
$^{289}_{115}$Uup (synthetisch)	10 s	$\alpha > {}^{285}_{113}$Uut	
$^{290}_{115}$Uup (synthetisch)	10 s	$\alpha > {}^{286}_{113}$Uut	
Massenanteil in der Erdhülle (ppm)	-----		
Atommasse (u)	288*		
Elektronegativität (Pauling ♦ Allred&Rochow ♦ Mulliken)	Keine Angabe		
Atomradius (pm)	187*		
Van der Waals-Radius (berechnet, pm)	Keine Angabe		
Kovalenter Radius (pm)	156–158*		
Elektronenkonfiguration	[Rn] $5f^{14}\ 6d^{10}\ 7s^2\ 7p^3$		
Ionisierungsenergie (kJ/mol), erste ♦ zweite ♦ dritte	538* ♦ 1756* ♦ 2653*		
Magnetische Volumensuszeptibilität	Keine Angabe		
Magnetismus	Vermutlich diamagnetisch		
Kristallsystem	Keine Angabe		
Schallgeschwindigkeit (m/s, bei 273,15 K)	Keine Angabe		
Dichte (g/cm³, bei 273,15 K)	13,5*		
Molares Volumen (m³/mol, im festen Zustand)	$21,3 * 10^{-6}$*		
Wärmeleitfähigkeit ([W/(m * K)])	Keine Angabe		
Spezifische Wärme ([J/(mol * K)])	Keine Angabe		
Schmelzpunkt (°C ♦ K)	400 ♦ 673*		
Schmelzwärme (kJ/mol)	5,90–5,98*		
Siedepunkt (°C ♦ K)	1100 ♦ 1370*		
Verdampfungswärme (kJ/mol)	138*		

*Geschätzte bzw. vorhergesagte Werte

Herstellung 2004 berichteten amerikanische und russische Wissenschaftler (Dubna und Livermore) über einen Versuch, bei dem als Ergebnis des Beschusses von Atomkernen erstmals vier Atome des Ununpentiums entstanden sein sollen, die aber sehr schnell weiter zu Ununtrium zerfallen seien (Oganessian et al. 2004).

Schweizer Forscher des Paul-Scherrer-Instituts beschossen eine Scheibe aus Americium (Ordnungszahl: 95) mit Calciumatomen (Ordnungszahl: 20) und erzeugten so Kerne des Elements 115 (Ununpentium) (2006).

2013 erhielten Forscher der Universität Lund (Schweden) und des GSI in Darmstadt (Deutschland) ebenfalls Kerne des Elements 115. Auch hier beschoss man Kerne des Americiums mit Calciumnukliden (Lund University, 2013). *Eigenschaften:* Erste Voraussagen beschreiben Ununpentium als relativ unedles Metall, mit einer bevorzugten Oxidationszahl von +1.

Literatur

J.W. Anthony et al., *Bismuth, Handbook of Mineralogy* (Mineralogical Society of America, 2001)

M. Appl, in *Ullmann's Encyclopedia of Industrial Chemistry*, Ammonia (Wiley-VCH, Weinheim, 2006)

G. Brauer (Hrsg.), *Handbook of Preparative Inorganic Chemistry*, 2. Aufl., vol. 1 (Academic, New York, 1963), S. 457–460

G. Brauer (Hrsg.), *Handbook of Preparative Inorganic Chemistry*, 2. Aufl., vol. 1 (Academic, New York, 1963), S. 518–525

G. Brauer (Hrsg.), *Handbook of Preparative Inorganic Chemistry*, 2. Aufl., vol. 1 (Academic, New York, 1963), S. 591–592

G. Brauer (Hrsg.), *Handbuch der Präparativen Anorganischen Chemie*, 3. Aufl., Bd. I (Enke Verlag, Stuttgart 1975), S. 553. ISBN 3-432-02328-6

H. Bürger et al., Bismuthine BiH3: Fact or fiction? High-resolution infrared, millimeterwave, and ab initio studies. Angew. Chem. Int. Ed. **411**(14), 2550–2552 (2002)

Bundesministerium der Justiz und für Verbraucherschutz, Verordnung über die Zulassung von Zusatzstoffen zu Lebensmitteln zu technologischen Zwecken, Anlage 3 (zu § 5 Abs. 1 und § 7) (1977)

G. Buxbaum, G. Pfaff, *Industrial Inorganic Pigments* (Wiley-VCH, Weinheim, 2005). ISBN 3-527-30363-4

B. Cheng, E.T. Samulski, One-step, ambient-temperature synthesis of antimony sulfide (Sb2S3) micron-size polycrystals with a spherical morphology. Mater. Res. Bull. **38**, 297–301 (2003)

D.E.C. Corbridge, *Phosphorus: Chemistry, Biochemistry and Technology*, 6. Aufl. (CRC Press, Boca Raton, 2013), S. 143. ISBN 143984088-1

J. Emsley, *Parfum, Portwein, PVC ....* (Wiley VCH Verlag, Weinheim, 2003), S. 274–275

P. Fritsch et al., *Taschenbuch der Wasserversorgung – Mutschmann/Stimmelmayr*, 15. Aufl. (Vieweg und Teubner Verlag, 2010). ISBN 978-3834800121

S. Gibaud, G. Jaouen, Arsenic – based drugs: From fowler's solution to modern anticancer chemotherapy. Top. Organomet. Chem. **32**, 1–20 (2010)

T. Hahndorf, (Foto: „Arsen") (2015)

C. Hansen et al., Elevated antimony concentrations in commercial juices. J. Environ. Monit. (17. Februar 2010). Zugegriffen: 1. März 2010

© Springer Fachmedien Wiesbaden 2015

49

H. Sicius, *Pnictogene: Elemente der fünften Hauptgruppe,* essentials,
DOI 10.1007/978-3-658-10804-5

B. Hoffmann, Medizinale Bismutvergiftung. Arch. Toxicol. **6**(1) (Springer, Berlin, 1935). ISSN 0340-5761

A.F. Holleman, E. Wiberg, N. Wiberg, *Lehrbuch der Anorganischen Chemie*, 91.–100. Aufl. (De Gruyter, Berlin, 1985), S. 928–931. ISBN 3-11-007511-3

A.F. Holleman, E. Wiberg, N. Wiberg, *Lehrbuch der Anorganischen Chemie*, 101. Aufl. (De Gruyter, Berlin, 1995), S. 789. ISBN 3-11-012641-9

A.F. Holleman, E. Wiberg, N. Wiberg, *Lehrbuch der Anorganischen Chemie*, 101. Aufl. (De Gruyter, Berlin, 1995), S. 796. ISBN 3-11-012641-9

A.F. Holleman, E. Wiberg, N. Wiberg, *Lehrbuch der Anorganischen Chemie*, 102. Aufl. (De Gruyter, Berlin, 2007), S. 653. ISBN 978-3-11-017770-1

A.F. Holleman, E. Wiberg, N. Wiberg, *Lehrbuch der Anorganischen Chemie*, 102. Aufl. (De Gruyter, Berlin 2007), S. 665. ISBN 978-3-11-017770-1

M. Hülsmann, Risiken und Nebenwirkungen bei der Devitalisierung permanenter Zähne. Zahnärztl. Mitt. **86**, 338–345 (1996)

E.-C. Koch, Special materials in pyrotechnics: IV. The chemistry of phosphorus and its compounds. J. Pyrotech. **21**, 39 (2005)

E.-C. Koch, Special materials in pyrotechnics: V. Military applications of phosphorus and its compounds. Propellants Explos. Pyrotech. **33**, 165 (2008)

W. M. Konstantopoulos et al., Case 22-2012: A 34-year-old man with intractable vomiting after ingestion of an unknown substance. New Engl. J. Med. **367**, 259–268 (2012)

P. Krimbacher, (Foto: Roter und violetter Phosphor) (2005)

S. Lange et al., Au3SnP7@Black phosphorus: An easy access to black phosphorus. Inorg. Chem. **46**(10), 4028–4035 (2007)

Lund University, Schweden, Veröffentlichung. (2013), http://www.lunduniversity.lu.se/lup/publication/4002358

P. Malfertheiner et al., Helicobacter pylori eradication with a capsule containing bismuth subcitrate potassium, metronidazole, and tetracycline given with omeprazole versus clarithromycin-based triple therapy: A randomised, open-label, non-inferiority, phase 3 trial. Lancet **377**, 905–913 (2011)

Max-Planck-Gesellschaft, Pressemitteilung (3. August 2004)

Metallium, Inc., Produktprospekt (Foto: „Antimon") (2015)

E. Mutschler, *Arzneimittelwirkungen*, 8. Aufl. (Wiss. Verlagsgesellschaft, Stuttgart, 2001), S. 644. ISBN 3-8047-1763-2

NEUROtiker, Mitteilung (Skizzen: Struktur des schwarzen Phosphors) (2009)

Yu. Ts. Oganessian, K.J. Moody et al., Experiments on the synthesis of element 115 in the reaction 243Am(48Ca, xn)291-x115. Phys. Rev. C **69**(2), 021601 (2004)

M. Okrusch, S. Matthes, *Mineralogie: Eine Einführung in die spezielle Mineralogie, Petrologie und Lagerstättenkunde*, 7. Aufl. (Springer Verlag, 2005). ISBN 978-3-540-23812-6

A. Pfitzner et al., Phosphorus nanorods – Two allotropic modifications of a long-known element. Angew. Chem. Int. Ed. **43**, 4228–4231 (2004)

Ra'ike, Mitteilung, (Foto: Arsen gediegen, Scherbenkobalt) (2009)

J. Ralph, Hudson Institute of Mineralogy, Mitcham/Surrey, England (6. Januar 2015), www.mindat.org. Zugegriffen: 31. Mai 2015

V. J. Ram, M. Nath, *Progress in Chemotherapy of Leishmaniasis* (Current Medicinal Chemistry, Publishers, Bentham Science, Oktober 1996), Kapitel The Antimonials, S. 304–305

R. Rich, *Inorganic Reactions in Water* (Springer-Verlag, Berlin, 2007), S. 398. ISBN 354073962-9

E. Riedel, C. Janiak, *Anorganische Chemie*, 8. Aufl. (De Gruyter, Berlin, 2011), S. 464. ISBN 3110225662

C. Röhr, Vorlesungsskript. (Universität Freiburg, AK Röhr 2015), http://ruby.chemie.uni-freiburg.de/Vorlesung/strukturchemie_2_2_4.html. Zugegriffen: 21. Mai 2015

Römpp Online, Stickstoff (Georg Thieme Verlag). Zugegriffen: 12. Feb. 2013

J. Sedelmayer, Dtsch. Z. Gesamte. Gerichtl. Med. **19**(1), 365–383 (1932)

J. Shamir, J. Binenboym, Dioxygenyl salts. Inorg. Synth. **XIV**, 109–122 (1973)

H. Sicius, eigene Mitteilung, (Foto: „Phosphor, rot") (2015)

H. Sicius, eigene Mitteilung, (Foto: „Antimon") (2015)

H. Sicius, eigene Mitteilung, (Foto: „Bismut, Pulver") (2015)

H. Sicius, eigene Mitteilung, (Foto: „Bismut, Einkristall") (2015)

Thiesi, eigenes Foto, Wertheim, Deutschland (2004)

H. Thurn, Die Kristallstruktur des Hittorfschen Phosphors, Dissertation (Technische Hochschule Stuttgart, 1967)

H. Thurn, H. Krebs, Über Struktur und Eigenschaften der Halbmetalle. XXII. Die Kristallstruktur des Hittorfschen Phosphors. Acta Cryst. **B25**, 125–135 (1969)

University of Technology, Website, A blooming waste, Sydney, Australien (6. November 2006)

U.S. Department of the Interior, Nitrogen (fixed) – Ammonia, in: United States Geological Survey Mineral Commodity Summaries (United States Government Printing Office, Washington, 2009)

K.H. Wedepohl, The composition of the continental crust. Geochimica et Cosmochimica Acta **59**(7), 1217–1232 (1995)

M. Wehling, *Klinische Pharmakologie*, 1. Aufl. (Thieme-Verlag, Stuttgart, 2005)